LEÇONS

SUR

LES BACTÉRIES

Par M. DE BARY

PROFESSEUR A L'UNIVERSITÉ DE STRASBOURG

Traduites et Annotées

PAR M. WASSERZUG

PRÉPARATEUR AU LABORATOIRE DE M. PASTEUR

AVEC 23 FIGURES DANS LE TEXTE

PARIS

G. MASSON, ÉDITEUR

LIBRAIRE DE L'ACADÉMIE DE MÉDECINE

120, boulevard Saint-Germain, en face de l'Ecole de Médecine

1886

LEÇONS

SUR

LES BACTÉRIES

LEÇONS

SUR

LES BACTERIES

AVANT-PROPOS

Nous avons réuni en un volume un certain nombre de Leçons qui ont été faites récemment à l'Université, quelques-unes d'une manière ininterrompue dans l'ordre même que nous avons suivi ici, d'autres à des époques différentes de notre cours. Nous avons été obligé d'en changer quelque peu la forme primitive, qui était celle que l'on donne ordinairement à une leçon parlée, accompagnée d'expériences et de démonstrations pratiques, pour qu'elle puisse réunir les conditions d'une leçon destinée à être publiée. C'est ainsi que nous avons dû élaguer d'un côté, ajouter de l'autre et donner, en particulier, quelques détails dignes de remarque, connus seulement après que les leçons orales avaient été prononcées.

Nous avions pour but, en commençant ces Leçons, d'apprendre à des auditeurs dont les degrés d'instruction étaient divers et dont quelques-uns seulement avaient des notions de médecine, ce qu'on sait aujourd'hui de général sur ces Bactéries dont tout le monde s'entretient plus ou moins.

Nous voulions faire cette étude de manière à être compris de tous ceux qui ne sont pas complètement étrangers aux éléments des sciences ; nous avions surtout l'intention de relier les phénomènes présentés par les Bactéries à ceux qu'offrent d'autres groupes de l'empire organique.

Les travaux actuels qui traitent des Bactéries augmentent de jour en jour d'une manière prodigieuse : à côté de beaucoup de travaux excellents, on en trouve d'autres pleins de théories erronées ou peu clairement exposées. Ces erreurs qui se rencontrent couramment, nous pouvons bien le dire, dans les écrits scientifiques ou non, publiés journellement, sont dues en grande partie, nous semble-t-il, à ce qu'on n'accorde pas assez d'attention aux rapports que présentent les Bactéries avec les groupes voisins : le particulier fait oublier le général et le détail l'ensemble.

Il nous a paru que ce n'était pas faire œuvre superflue que de rappeler, autant qu'il était en notre pouvoir, quels étaient ces rapports ; c'est le mobile qui nous a poussé à nous conformer au désir plusieurs fois exprimé, de nous voir écrire et publier ces quelques Leçons.

On ne devra donc pas s'attendre à trouver, dans ce volume, un traité complet de « Bactériologie » où seraient relatés tous les détails pouvant présenter quelque intérêt scientifique. Ce livre préparera plutôt le lecteur à lire les traités complets et à en saisir toutes les parties.

Nous avons pris le soin, pour le lecteur que des détails plus précis intéresseraient, d'indiquer les sources bibliographiques où il pourra les trouver, s'il veut les consulter même avant d'avoir lu ces Leçons. Pour ceux qui veulent étudier les faits, à mesure qu'ils se présenteront, dans la suite de ces Leçons, nous avons donné la liste des mémoires originaux, liste qui a été réunie à la fin du volume : des chiffres, insérés dans le texte, s'y rapportent.

Quelques faits intéressants, publiés pendant l'impression du présent volume, en particulier sur le choléra asiatique, ont été relatés à la *Bibliographie* avec quelques remarques que nous y avons ajoutées (1).

(1) Nous avons cru qu'il était utile et plus commode d'indiquer, en même temps, au bas des pages, les mémoires auxquels on faisait allusion dans le texte, en réunissant à la fin du volume, sous le titre de *Bibliographie*, la liste des principaux mémoires, par ordre d'auteur. Nous avons enfin ajouté quelques notes à celles de l'auteur. Toutes celles qui ne seront pas suivies de ces mots, entre parenthèses : *notes de l'auteur*, seront de nous.

(*Note du traducteur.*)

Telle a été la pensée qui a présidé à la composition de ce livre. Puisse-t-il apporter quelque clarté dans l'étude des Bactéries, si complexe aujourd'hui et abordée par tant de chercheurs divers; puisse-t-il frayer quelque peu la voie au travailleur qui commence et qui a le désir de s'instruire.

Strasbourg, juillet 1885.

A. de Bary.

PREMIÈRE LEÇON

INTRODUCTION. — LES BACTÉRIES OU SCHIZOMYCÈTES ET LES CHAMPIGNONS. — STRUCTURE DES BACTÉRIES (1).

Le but de ces Leçons est de donner un aperçu général de nos connaissances actuelles sur les êtres que l'on a réunis sous le nom de Bactéries. Il n'est pas besoin, de nos jours, d'insister longuement sur l'intérêt que présente leur étude, à plusieurs points de vue. Par ce qu'il en entend dire de tous côtés, le public instruit n'est pas éloigné d'attribuer aux Bactéries une bonne part des maux dont il souffre et des remèdes qui le guérissent. Cette opinion nous épargnera le soin de faire une partie de notre introduction : celle qui est consacrée d'ordinaire à convaincre le lecteur de l'importance toute spéciale du sujet

(1) Bibliographie générale dans : de Bary. — *Morphologie u. Biologie der Pilze.* — W. Zopf. — *Die Spaltpilze*, 3e édition. Breslau, 1884. — Voir aussi les différents travaux, indiqués ci-après, de Pasteur, F. Cohn, Nægeli, Van Tieghem, R. Koch. Brefeld, A. Prazmowski, Fitz. — Duclaux. — *Chimie biologique*. Paris, 1883. — F. Hueppe. — *Die Methoden der Bacterienforschung.* — Cornil et Babes. — *Les Bactéries et leur rôle dans l'anatomie et l'histologie pathologiques des maladies infectieuses.* Paris, 1885.

que l'auteur se propose de traiter. Mais elle ne nous dispense pas, à notre avis, de montrer ce que nous appellerons : le revers de la médaille. Nous voulons dire par là que, pour atteindre le but que nous avons en vue, il est nécessaire d'entreprendre une étude scientifique sérieuse, aussi complète que possible, des différentes questions qui s'offriront à nous. Cette étude, comprise ainsi, comporte plus d'aridité que d'émotions vives et ne présente pas ce qu'on appelle vulgairement de l'intérêt. C'est là un motif qui n'arrêtera certainement pas le lecteur avide d'acquérir quelques connaissances nouvelles.

La division de notre étude s'impose par le sujet même que nous avons à traiter. Il nous faut avant tout apprendre ce que c'est qu'une *Bactérie;* en d'autres termes nous avons à étudier quelle est sa forme, sa structure, son développement et son origine, cette dernière question se rattachant immédiatement à celle qui précède. Après quoi, nous nous demanderons quelle est l'action d'une Bactérie, si cette action est utile ou nuisible, c'est-à-dire que nous nous efforcerons de suivre le mécanisme de sa vie et son influence sur le milieu extérieur, qui en est la conséquence.

Nous allons commencer immédiatement cette étude en nous occupant tout d'abord de ce que signifie le nom même de Bactéries.

Les Bactéries pourraient porter tout aussi bien le

nom d'animaux ou plantes microscopiques, en bâtonnets, à cause de la forme générale qu'affectent la plupart d'entre elles. On les désigne quelquefois sous le nom de *Schizomycètes* ou Champignons formés par division. Les deux termes, rigoureusement parlant, ne sont pas tout à fait équivalents.

D'ailleurs, le mot de Champignon lui-même est employé dans deux sens différents. Dans l'un d'eux, il s'applique à ces plantes inférieures, sans fructification apparente, dépourvues de la matière verte qui colore les feuilles, que l'on nomme de la *clorophylle*, ou de toute autre matière jouant un rôle analogue. Elles possèdent, en outre, des propriétés particulières dans leur mode de nutrition. Nous reviendrons un peu plus tard sur ce dernier point. Pour le moment, bornons-nous à dire en passant, que tous les organismes sans chlorophylle ont besoin, pour se nourrir, de substances organiques, précédemment élaborées et contenant du carbone en combinaison. Le carbone dont elles ont besoin ne peut leur être fourni comme chez les plantes chlorophylliennes, par l'acide carbonique de l'air qui est mis librement à leur disposition. Cette élaboration est liée à l'action de la chlorophylle et des corps analogues.

Le mot de Champignon, pris dans ce sens, caractérise un groupe d'êtres qui doivent à ce manque de chlorophylle des propriétés physiologiques remarquables. A ce point de vue, il serait tout aussi naturel de réunir dans un même groupe les oiseaux et les chauve-souris, sous prétexte qu'ils ont en commun la propriété de voler.

Dans l'autre sens, celui que l'on emploie dans les descriptions et les classifications en histoire naturelle, le mot de Champignon désigne un groupe d'êtres inférieurs qui se distinguent par des caractères particuliers dans leur structure et leur développement. Ils se rapprochent de ce que tout le monde connaît sous le nom de champignons de table et de moisissures. Les types qui rentrent dans ce groupe sont, en réalité, tous sans chlorophylle. Mais ce caractère n'est pas plus indispensable pour marquer leur place dans la classification, que ne l'est, chez un oiseau, la présence d'un appareil de vol pour faire reconnaître qu'il est un oiseau!

D'après les propriétés que l'histoire naturelle, prise dans son ensemble, et non plus la seule physiologie assigne aux Champignons, les Bactéries, envisagées dans leur structure et leur développement, doivent être rangées aussi peu parmi les Champignons que les chauve-souris parmi les oiseaux. Bien plus, il existe en petit nombre, il est vrai, mais il existe des Bactéries proprement dites, qui possèdent de la chlorophylle et présentent toutes les propriétés qui accompagnent ordinairement une action chlorophyllienne. C'est là un point qui les éloigne encore des Champignons, dans le sens physiologique de ce mot.

Ces motifs font qu'il est plus correct de dire Bactéries que Schizomycètes. Mais si l'on a bien dans l'esprit le sens différent de ces deux mots, il importe peu d'employer l'un ou l'autre.

En laissant de côté, pour le moment, certaines formes de reproduction et en n'envisageant les Bactéries que dans leur période végétative, leur configuration, leur structure, leur accroissement sont d'une extrême simplicité.

Les Bactéries apparaissent comme des cellules rondes ou cylindriques ou bien en forme de bâtonnets, rarement en forme de fuseau. Elles sont toujours très petites. Le diamètre des cellules rondes, ou le diamètre transversal de celles qui sont en bâtonnets, atteint le plus souvent un millième de millimètre ou un *micromillimètre*, terme de mesure qu'on appelle aussi un μ, — quelquefois moins. La longueur des bâtonnets dépasse rarement 2 à 4 fois leur largeur. Les formes relativement plus grosses ne sont pas nombreuses. Si l'on fait abstraction des types que nous apprendrons un peu plus tard à connaître sous le nom de *Beggiatoa*, de *Crenothrix*, etc., qui, d'ailleurs, se comportent aussi, à d'autres points de vue, d'une manière particulière, la plus grande largeur que l'on ait observée, est de 4 μ dans les cellules en bâtonnets du *Bacillus crassus*, Van Tieghem.

On a donné à ces petits corps le nom de *cellules* parce qu'ils s'accroissent et qu'ils se partagent comme les cellules végétales; de plus, ce qu'on connaît de leur structure s'accorde avec ce que l'on sait sur la structure analogue des cellules des plantes. Leur petitesse, il est vrai, ne permet pas de pénétrer profondément dans les détails de cette structure. C'est ainsi qu'on n'a pas encore réussi à leur trouver un noyau cellulaire. Mais c'est un point qui leur est commun avec beaucoup d'autres petites cellules appartenant à des êtres inférieurs, avec des Champignons en particulier; il n'y a pas longtemps, on aurait dit : avec les cellules de tous les Champignons. Des observations récentes ont fait abandonner ces idées trop exclusives. C'est que pour arriver à des connaissances plus complètes sur un sujet, il faut toute une suite de recherches faites avec une persévérance et une perfection que le temps seul peut nous donner.

Les Bactéries sont, en grande partie, composées de protoplasma qui, dans les formes les plus petites et aussi dans la plupart des formes plus grosses, se montre comme une substance complètement homogène, trouble, mais conservant en partie sa transparence ; dans quelques formes plus grosses. il est souvent finement granuleux; d'autres, enfin, présentent une structure que nous décrirons plus tard. Ce protoplasma se rapproche, en général, de celui des autres organismes par les réactions qu'il manifeste en présence des réactifs ordinaires de l'albumine et de la nucléine : la coloration du jaune au brun par l'iode, l'absorption relativement considérable des solutions de carmin ou des couleurs d'aniline. Dans quelques cas particuliers, il y a des différences spécifiques dans la manière dont le protoplasma se comporte vis-à-vis des réactifs; nous les signalerons à l'occasion et ce sont là des moyens commodes pour distinguer les espèces.

Comme on l'avait déjà montré précédemment, le protoplasma de quelques bactéries, décrites par M. Van Tieghem et M. Engelmann, par exemple le *Bacillus virens* v. T., est coloré en vert pâle par de la chlorophylle, d'une manière uniforme. Mais dans les cas les plus nombreux, il est incolore. La plupart des Bactéries, non seulement quand on les voit au microscope, mais aussi quand elles forment des masses plus visibles, ont un aspect blanc sale ou blanc pur : dans le premier cas, le blanc est nuancé, suivant les types, en gris, en jaune pâle, etc. ; ces teintes servent à l'œil exercé dans la distinction des espèces.

Du reste, il existe peu de Bactéries qui soient colorées de vives couleurs quand elles sont en grande masse; on cite quelques exemples seulement de Bactéries jaunes, rouges, vertes, violettes, bleues, brunes, etc. M. Schrœter en a fait la dénomination complète. Dans la plupart des cas, il est très difficile de décider à quelle partie de la cellule appartiennent ces colorations, si c'est au corps protoplasmique lui-même ou à son enveloppe, la membrane cellulaire, dont nous allons bientôt nous occuper. La difficulté de la distinction est encore augmentée par ce fait que chaque cellule, prise isolément, ne paraît pas avoir, à cause de sa petitesse, de coloration particulière. Dans quelques formes relativement grosses, comme le *Beggiatoa roseo-persicina* décrit par M. Zopf, il semble seulement que le protoplasma vivant contribue pour une part à la coloration de la cellule, qui est ici d'un rose clair.

Les matières colorantes dont il s'agit ont été en partie étudiées avec un peu de soin : on leur a même donné des noms particuliers, tels que *Bacterio-purpurine*, etc. Leurs propriétés optiques semblent les rapprocher par certains points, comme l'indique leur nom lui-même, des couleurs d'aniline. Mais cette analogie de noms ne permet pas de conclure à une analogie de composition chimique.

Pour ce qui regarde d'autres détails de structure et de composition, il est intéressant de signaler, dans le protaplasma de quelques cellules, la réaction que donne l'amidon. Le *Bacillus amylobacter* et le *Spirillum amyliferum*, Van Tieghem, possèdent, dans certaines périodes de leur évolution, la propriété de se colorer en bleu-indigo, dans une solution aqueuse d'iode, la coloration semblant se concentrer dans la partie de leur protaplasma qui se distingue du reste par une réfringence un peu plus forte. C'est là réaction que donnent les grains d'amidon ou, plus exactement, la granulose qui entre pour une grande part dans leur constitution. Les circonstances dans lesquelles cette réaction se produit et disparaît ensuite seront examinées un peu plus loin. Le *Micrococcus pasteurianus*, Hansen et, en partie, le *Leptothrix buccalis* présentent aussi cette réaction de la granulose. Mentionnons ici, en passant, la présence de granules de soufre éliminés par la cellule dans les *Beggiatoa*. Nous étudierons ce phénomène plus en détail dans la huitième Leçon.

Le protoplasma des Bactéries est entouré d'une enveloppe ou membrane cellulaire. Dans des cellules isolées, éparses dans un liquide, cette membrane se présente, sous le microscope, comme une ligne très fine qui délimite la surface libre des cellules et distingue les unes des autres celles qui sont en contact. Les réactifs qui contractent le protoplasma, en le colorant, sans avoir d'action sur la membrane, comme la solution alcoolique d'iode, permettent, dans des types un peu gros, de la séparer du protoplasma et, par suite, de la distinguer (V. page 32, fig. 1, *p*). C'est ainsi qu'on voit, grâce à ce procédé, la formation des spores représentée dans la figure 1.

Cette membrane, adhérant de très près au protoplasma, est, du moins dans certaines espèces, telles que les *Spirochœte*, très flexible et très élastique : on la voit suivre toutes les courbures que fait la cellule dans toute sa longueur, bien que le protoplasma puisse seul y prendre une part active.

La membrane, appliquée directement contre le protoplasma, n'est, dans tous les cas, que la couche interne, solide, d'une enveloppe gélatineuse qui entoure tout le corps protoplasmique. Dans un assez grand nombre de formes, cette enveloppe est visible directement au microscope, après une recherche attentive, et quand on a dans le liquide des cellules isolées ou des files de cellules. Prises en masse, dans un milieu suffisamment liquide, les Bactéries sont toujours plus ou moins gélatineuses ou mucilagineuses. C'est dans la division des cellules qu'on peut suivre la gélification de cette enveloppe extérieure.

On peut donc dire, d'une manière générale, que les Bactéries ont des cellules avec une membrane gélatineuse comprenant une enveloppe interne, mince et relativement solide. La consistance de cette enveloppe gélatineuse, sa propriété de se liquéfier dans les liquides, comme nous l'indiquerons plus tard, sont, on le comprend, fort variables suivant les cas.

La présence de cette membrane mucilagineuse rapproche les Bactéries d'autres organismes inférieurs, parmi lesquels on peut citer les Nostocacées et d'autres plantes en filaments. Comme chez celles-ci, l'enveloppe mucilagineuse s'est montrée composée d'un hydrate de carbone très voisin de la cellulose. C'est ce qui se passe chez un grand nombre de formes étudiées, comme la Bactérie du vinaigre et celle des sucreries, le *Leuconostoc*.

Contrairement à cette théorie, il faut signaler l'opinion de M. Nencki, d'après laquelle la membrane d'une Bactérie, qu'il désigne simplement sous le nom de Bactérie de putréfaction, serait formée en grande partie, comme le protoplasma dont elle dépend, d'une combinaison albuminoïde particulière, à laquelle il donne le nom de *mycoprotéine*. Enfin, il faut rapporter encore la théorie de M. Neisser (1) pour qui la membrane de la Bactérie du Xerosis épithélial de l'œil est, d'après ses réactions, formée principalement d'une matière grasse.

Chez les *Cladothrix* et les *Crenothrix* qui habitent dans l'eau, la membrane est souvent colorée en brun par des composés de fer qu'elle contient dans son intérieur.

Beaucoup de Bactéries sont franchement mobiles quand elles se trouvent dans un liquide. Elles se meuvent autour de leur plus grand diamètre ou bien elles ont un mouvement d'oscillation qui les porte, souvent avec vivacité, tantôt en avant tantôt

(1) Kuschbert et Neisser. — *Deutsche Medicin Wochenschrift*. 1884, n° 21.

en arrière. Ces mouvements ont fait croire à la présence d'organes particuliers de locomotion. On a voulu voir ces organes dans des cils, que l'on a décrits comme des appendices en forme de filaments très déliés et placés à l'une des extrémités de Bactéries en bâtonnets : ces cils sont uniques ou au nombre de deux. Des cils semblables se trouvent dans beaucoup d'autres cellules relativement grosses, n'appartenant pas au groupe des Bactéries, et mobiles comme celles-ci dans les milieux liquides : tels sont les zoospores d'un grand nombre d'Algues et de quelques Champignons. Chez les zoospores, les cils se meuvent rapidement, aussi longtemps que la cellule elle-même, dans le sens de la rotation, qui se fait autour du plus grand diamètre : ils peuvent, d'après cela, être considérés comme les organes actifs du mouvement. Ce sont d'ailleurs, chez les Algues, des prolongements produits, en quelque sorte, comme par un trop-plein de la surface du corps protoplasmique : ils dépendent donc du protoplasma. Quand celui-ci est entouré d'une membrane, les cils la traversent par des pores spéciaux pour se répandre au dehors.

Chez les Bactéries, on n'a rien observé de pareil. On a trouvé, sans aucun doute, dans quelques exemples, des prolongements filiformes aux points que nous avons dits, et cela, dans des cas où la préparation avait été colorée et soumise à la dessiccation.

Une preuve qu'ils existent réellement et non pas seulement, comme cela pourrait arriver, dans l'imagination de l'observateur, c'est qu'on les retrouve dans les photographies. Mais malheureusement, dans la plus grande généralité des cas, des Bactérées, parfaitement mobiles, observées après la mort et traitées par les réactifs colorants, n'en laissent pas voir de trace, même à l'aide des meilleurs instruments d'optique.

Quand on les rencontre, ce ne sont pas, suivant M. VanTieghem, des prolongements du protoplasma interne, mais, d'après leur manière de se comporter sous l'action des réactifs, ce sont plutôt des filaments très ténus provenant de la couche gélatineuse externe. Ils n'ont donc rien de commun avec les cils des zoospores chez les Algues ; ils ne peuvent non plus être considérés comme des organes de mouvement, puisque cette fonction ne leur a été attribuée que par analogie avec ce qui se passe chez les Algues. C'est du moins ce qu'il convient d'affirmer pour le plus grand nombre des espèces. Des recherches plus précises pourront seules décider s'il y a des exceptions à cette manière de voir. Il faut ajouter qu'il existe des plantes considérées comme très inférieures, les Oscillaires qui, d'après ce que nous en savons, présentent, avec les Bactéries, des degrés nombreux de parenté sur lesquels nous reviendrons bientôt ; elles ont des mouvements analogues sans qu'on ait pû déceler chez ces êtres la présence de cils ou d'organes de locomotion. Ce n'est donc pas l'existence de cils chez les Bactéries qui pourra nous servir à établir leur analogie avec les Oscillaires.

Lorsque les Bactéries ont atteint, dans leur accroissement, une certaine grandeur, elles se multiplient par des bipartitions successives et se divisent tout d'abord en deux cellules filles. Tout ce qu'on sait de ce phénomène est qu'il commence par l'apparition d'une très fine cloison séparant la cellule mère en deux ; puis la membrane se montre sous la forme d'un léger mucilage. Ces détails coïncident avec ceux qui caractérisent la division de plus grosses cellules végétales et rien ne s'oppose à ce que l'on admette une analogie parfaite dans la manière dont se divisent ces deux formes de cellules. La petitesse des Bactéries empêche une observation directe plus complète.

Il faut avoir soin d'ajouter que la cloison, qui apparaît au commencement de la division, est si mince, qu'elle échappe facilement à l'observation. Elle ne peut se montrer nettement que par l'action de réactifs qui colorent fortement le protoplasma tout en le contractant, comme la solution alcoolique d'iode. Cette remarque n'est pas sans importance quand on veut mesurer exactement la longueur des Bactéries.

Les bipartitions se font l'une après l'autre et dans la même direction : dans ce cas, les cloisons sont toutes parallèles ; ou bien, plus rarement, les cloisons se produisent dans plusieurs sens et alors elles se coupent et se croisent à angle droit.

IIe LEÇON

FORMES DES CELLULES. — LEURS MODES D'UNION ET DE GROUPEMENT.

Les cellules qui composent les Bactéries, dont la structure très simple a été étudiée dans la Leçon précédente, peuvent se présenter sous des formes très diverses. Nous aurons à considérer soit leur configuration proprement dite et leurs modes d'union les plus simples, soit leur réunion ou leur non-réunion en masses plus considérables et, dans tous ces cas, nous étudierons les propriétés qu'elles manifestent sous ces différentes formes.

I. Les cellules, prises isolément ou dans leurs modes d'union les plus simples qu'on puisse imaginer, offrent à examiner les formes rondes et les bâtonnets droits ou contournés en spirale. Une bille de billard, un crayon et un tire-bouchon donnent une idée assez exacte de ces trois types, et il n'est pas nécessaire d'avoir recours à des modèles plus compliqués ni plus dispendieux pour acquérir des notions précises sur les formes que peuvent prendre les Bactéries.

A mesure que nos connaissances sur les Bactéries ont pris plus d'extension, ces trois formes ont reçu des noms très différents. Les cellules rondes portent aujourd'hui les noms de *Microcoques* ou *Macrocoques*, suivant leur grosseur ; de *Diplocoques* quand on les trouve encore réunies, au moment où elles sont en train de se diviser. Les anciens auteurs les rangeaient parmi les *Monades*, où elles étaient confondues avec beaucoup d'autres espèces hétérogènes.

Les Bactéries droites ont reçu des anciens auteurs les noms de *bâtonnets* ou de Bactéries proprement dites. Bâtonnets courts, bâtonnets longs, telles sont les épithètes qui se comprennent, du reste, et qui servent à les désigner, sans ajouter beaucoup de clarté à une description plus caractéristique de leur forme.

Les formes en tire-bouchon portent le nom de *Spirillum*, de *Spirochæte*. Des formes intermédiaires entre ces dernières et les bâtonnets, par conséquent, des formes qui ne sont contournées que dans une partie de leur spire, ont été décrites par M. Cohn sous le nom de *vibrions*.

Les Micrococcus et les bâtonnets présentent souvent un type particulier qui s'éloigne un peu du type ordinaire.

Parmi des cellules qui gardent la forme habituelle, quelques-unes se différencient en bourgeons ovales ou fusiformes qui surpassent de plusieurs fois en grosseur les cellules typiques. Ceci s'observe en particulier dans le genre *Bacille*, chez les *Cladothrix*, etc., et aussi très souvent chez le Micrococcus des mères de vinaigre. Il y a quelques motifs de croire, bien qu'on n'en ait pas donné de preuve, que ces formes volumineuses sont les produits d'un développement maladif et le signe d'une involution, d'une régression, autrement dit. C'est ce qui leur a fait donner par M. Nægeli et M. Buchner le nom de *formes d'involution* (Involutions-formen).

II. Le mode d'union ou de non-réunion des cellules doit être considéré chez les types où la bipartition laisse les cellules unies entre elles à mesure qu'elles se forment, et chez ceux où la bipartition amène la séparation ou le déplacement des cellules.

Dans le cas où la division répétée conserve les cellules unies entre elles, nous avons à distinguer deux types :

1° Dans le premier type, la division des cellules, se faisant toujours dans le même sens, amène leur arrangement en série linéaire. Il en résulte une forme de filaments que l'ancienne terminologie a désignés de ce nom même de *filaments* (*Trichomata* de Kützing). Par un esprit de confusion, pour le moins étrange, on leur a donné quelquefois le nom de pseudo-filaments, c'est-à-dire de filaments qui semblent en avoir la forme sans l'être réellement.

Ce que nous venons de dire fait comprendre aisément que ces filaments ont une configuration assez variable, suivant la forme même des cellules qui les composent. Leur longueur peut aussi varier considérablement suivant le nombre des éléments cellulaires qui servent à les former. Ce qu'on peut dire de général sur les bâtonnets et les types spiralés, c'est que les cellules qui les composent sont relativement en petit nombre ; quant aux bâtonnets ou aux Spirillums, ils sont en réalité formés de plus d'une cellule et, lorsque la multiplication leur a fait atteindre une grandeur qui ne dépasse pas certaines limites, ils se divisent en deux, au point où s'est faite la division initiale. Les *Leptothrix*, les *Mycothrix* et quelques autres types sont ceux qui acquièrent la plus grande longueur.

2° Les cellules cubiques qui se multiplient dans un même plan ou dans trois plans différents sont assez rares, comme nous l'avons déjà dit. Dans le premier cas, nous aurons à citer le *Bacterium merismopædioides* Zopf. Dans le second, les massifs de cellules cubiques du *Sarcina ventriculi*.

A côté de ces divers types de cellules unies entre elles, on peut citer toute une série d'agrégats ou, pour employer un terme simple, de groupements formés en combinant les cas plus simples que nous avons considérés. Ces groupements s'expliquent, en grande partie, par la présence constante d'une enveloppe gélatineuse, par la masse plus ou moins grande de cette enveloppe, par sa force de cohésion plus ou moins considérable. On peut aussi faire intervenir les propriétés spécifiques, très différentes, de chaque type. Ces propriétés spécifiques ou propres à chaque espèce ne peuvent pas être facilement définies, d'une manière générale et en quelques mots; leur exposition, qui ne peut être faite que dans des cas malheureusement trop rares, ne sera achevée qu'après l'étude complète de l'évolution de chaque type. Enfin la composition et la manière d'être du substratum ont probablement une influence sur ces groupements.

La masse peu considérable de l'enveloppe gélatineuse et surtout sa faible consistance, qui peut aller jusqu'à la fluidité, contribuent puissamment à la séparation des cellules ou des simples filaments, quand on les cultive dans des liquides. Au contraire, une quantité plus grande de gélatine et une fluidité aussi limitée que possible donneront aux cellules l'aspect d'une masse compacte de mucilage. Ce sont là des types extrêmes, que l'on rencontre en réalité mais entre lesquels viennent se placer tous les intermédiaires possibles qui leur servent de passage.

Les masses un peu volumineuses et compactes portaient l'ancien nom de *Palmella* et sont désignées plus fréquemment aujourd'hui sous le terme de *Zooglées*. On pourrait donner le nom d'*Agrégats* à des Zooglées moins nettement définies. Dans un même liquide, une Zooglée ou un Agrégat se portera à la surface ou tombera au fond du vase, suivant sa densité. Leurs propriétés différentes régleront ensuite leur manière de se former en colonies et le mode de groupement de leurs éléments.

Pour éclaircir par quelques exemples ce que nous venons de dire, prenons trois ballons préalablement ensemencés et contenant chacun la même solution de 8 ou 10 p. 100 de sucre de raisin ou d'extrait de viande dans de l'eau. Dans le premier ballon, le liquide est légèrement troublé, d'une manière à peu près uniforme, par des bâtonnets courts et mobiles du *Bacillus amylobacter*. Dans le second, la surface du liquide, moins trouble que dans le premier, est recouverte d'un voile blanc, ridé, sec à la partie supérieure : c'est le *Bacillus subtilis*, le Bacille qui se trouve dans les infusions de foin. Dans le troisième, des filaments d'un Bacille assez semblable au second, le *Bacillus anthracis* ou Bacille du charbon forment des traînées floconneuses dans le liquide qui conserve partout ailleurs sa limpidité. Ces flocons peuvent difficilement recevoir le nom de Zooglées; donnons-leur plutôt celui d'Agrégats. Au contraire, le voile du Bacille du foin est une Zooglée de forme bien caractéristique. Des organismes plus ou moins semblables se rencontrent assez souvent dans les liquides qui contiennent des matières organiques capables de s'altérer. Les plus remarquables parmi les Zooglées qui se développent dans les liquides sont les *Leuconostoc* ou gomme des sucreries et le *Kefir*. Les premiers sont des Bactéries rondes, avec une en-enveloppe gélatineuse massive et compacte, pouvant remplir des cuves entières et ressemblant assez à du frai de grenouille, d'où le nom de *Froschlaich* (frai de grenouille) qu'on lui donne en Allemagne. Nous l'étudierons un peu plus tard.

On donne le nom de Kefir à une matière employée comme ferment par les habitants du Caucase pour la préparation d'une liqueur acidulée et riche en acide carbonique qu'ils retirent du lait. Le lait de Kefir a été employé dernièrement dans nos pays dans des traitements curatifs. Les grains de Kefir, dans leur période de complète vitalité, sont des granules blancs, de forme arrondie assez irrégulière. Ils atteignent et dépassent parfois la grosseur d'une noix de galle. Leur surface est ridée, bosselée, rugueuse sans aspérités et assez semblable à un morceau de chou-fleur. Ils sont assez consistants et fortement gélatineux. La dessiccation les rend jaunâtres, cassants et leur donne l'aspect d'un cartilage ; enfin ils se composent en grande partie d'un *Bacterium* en bâtonnet.

Ces bâtonnets sont, pour la plupart, réunis en filaments, qui s'enchevêtrent les uns les autres d'une manière compliquée et qui sont reliés entre eux par une épaisse membrane mucilagineuse. Il faut ajouter que la forme en bâtonnets n'est pas la seule qui puisse se rencontrer dans le Kefir. Entre les filaments se trouve intercalés, le plus souvent à la périphérie, de nombreux groupes de cellules avec bourgeons, analogues à ceux de la levure de bière, qui vivent à côté de la Bactérie et en commun avec elle. Cependant ils sont loin d'être en même nombre que celle-ci et semblent ne prendre aucune part active à la formation de la Zooglée.

Quand on cultive les Bactéries, non plus dans les liquides, mais dans des milieux solides imprégnés d'eau ou simplement humides, le groupement en Zooglées se produit très facilement. Cela a lieu même pour les formes qui se séparent dans l'intérieur d'un liquide de culture, grâce à la fluidité de leur enveloppe gélatineuse. Quand la quantité d'eau qui entre dans la composition du substratum se borne à entretenir l'humidité du milieu nutritif, le peu de consistance de la gélatine ne peut aller jusqu'à la fluidité. C'est ainsi que sur des pommes de terre, des raves, etc. qui ont perdu toute vitalité, par la cuisson, par exemple, on voit apparaître de petites masses de mucilage blanc, jaune ou diversement coloré : ce sont des colonies de Bactéries.

Il convient de citer à ce propos le phénomène très souvent décrit sous le nom de *taches de sang* dues au *Micrococcus prodigiosus* (*Monas prodigiosa* d'Ehrenberg). Sur des substances riches en amidon comme les pommes de terre, le pain, le riz, l'hostie on voit quelquefois apparaître soudain des taches humides d'un rouge de sang; souvent elles s'étendent rapidement dans tous les sens.

Cette couleur de sang qui se montre sur des objets servant à l'alimentation journalière de l'homme a donné lieu, comme on peut croire, à des superstitions de toutes sortes. Ces taches, nous l'avons dit, sont dues à une Bactérie chromogène dont nous venons de donner le nom.

De même que les formes diverses que nous avons indiquées donnent lieu, dans un même liquide de culture, à des groupements différents, de même l'aspect des Zooglées qui se forment sur un milieu de culture solide varie avec les organismes qui leur donnent naissance.

Tous les faits que nous venons de signaler à propos du groupement des Bactéries, montrent que ces groupements fournissent des indices précieux pour caractériser et différencier les diverses formes; d'autant plus précieux que, dans les formes très petites, la distinction des cellules isolées devient plus difficile, même quand on les examine au microscope. Dans les formes qui peuvent se grouper, les différences spécifiques, qui, il est vrai, existent dans les cellules isolées, mais que les moyens de recherches dont nous disposons ne nous permettent pas de reconnaître facilement, deviennent plus marquées quand ces mêmes cellules sont réunies en grande masse. Il n'y a là rien qui doive nous étonner. C'est ainsi que, pour beaucoup de cellules qui, par rapport aux Bactéries, sont énormes et très compliquées, comme les cellules d'une Liliacée, nous ne saurions dire sûrement, quand elles se présentent à nous isolées, si elles appartiennent à un lis ou à une tulipe, par exemple. Leur réunion naturelle, leur mode de groupement ne pourra former qu'une tulipe ou qu'un lis et c'est par là seulement que nous pourrons reconnaître qu'elles sont d'origine différente.

IIIe LEÇON

DÉVELOPPEMENT DES BACTÉRIES. — BACTÉRIES A ENDOSPORES ET BACTÉRIES A ARTHROSPORES.

Les différentes formes et les différents groupements, dont nous avons parlé dans la précédente Leçon, ne nous ont appris à connaître qu'un nombre restreint de types; nous leur avons donné des noms qui désignent simplement, pour nous, quelques formes distinctes correspondant à certaines périodes connues de la vie des Bactéries. Mais rien jusqu'ici ne nous a indiqué d'où provenaient ces formes et ce qu'elles devenaient ensuite. Autrement dit, ce sont des organismes pris dans la période végétative, des formes adultes si l'on peut s'exprimer ainsi ; de même qu'on dirait, chez les plantes supérieures, un arbre, un buisson, un arbrisseau, une plante bulbeuse, etc. Les formes simples correspondraient aux parties que l'on appelle tige, branche, bulbe, etc.

Si l'on veut savoir ce qu'est une branche, ce qu'est

un bulbe, quelle est la place que ces organes occupent dans la série des formes végétales, si l'on veut savoir ce qu'est une forme donnée dans un moment quelconque de l'évolution d'un être vivant, il faut pouvoir répondre à la question que nous avons posée tout à l'heure ; il faut pouvoir dire d'où cette forme provient, quelle autre forme lui succède, ou plutôt, pour employer le langage ordinaire, comment se produit son évolution. Car chaque forme d'un être vivant, pris à un stade quelconque de son existence, même lorsqu'elle est représentée par des millions d'échantillons semblables, n'est qu'un anneau d'une chaîne composée elle-même de parties se reformant périodiquement d'une manière régulière.

Aussi, pour apprendre à mieux connaître les Bactéries, devons-nous maintenant nous occuper de leur évolution.

Tout ce que la science nous a appris à ce sujet nous montre que leur développement ne se produit pas partout de la même manière.

Il faut distinguer deux groupes de Bactéries : les unes que nous appellerons *Bactéries endosporées* et les autres *Bactéries arthrosporées*.

Le premier groupe comprend un certain nombre de Bactéries en bâtonnets droits, que l'on désigne plus spécialement sous le nom de *Bacilles*, et quelques *Spirillums* contournés en spirale. Dans ces deux types, les stades sont les mêmes, autant qu'il parait, du moins. Indiquons-les avec plus de détail pour le type *Bacille* (Voir fig. 1).

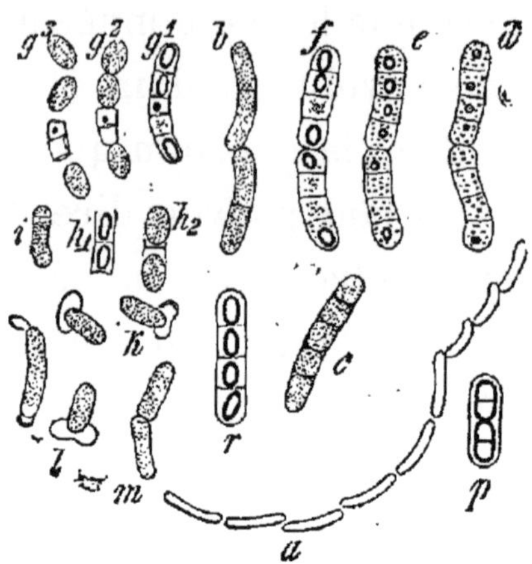

Fig. 1.

Bacillus Megaterium. — *a*. File de bâtonnets en plein développement et mobiles. — *b*. Deux bâtonnets mobiles dans la période de végétation — *p*. Bâtonnet formé de 4 cellules à ce dernier état et soumises à l'action d'une solution alcoolique d'iode. — *c*. Bâtonnet de 5 cellules au moment où les spores vont se former. — *d-f*. Etats successifs de la formation des spores, *d* à 2 heures de l'après-midi, *e* environ 1 heure et *f* deux heures plus tard. Les spores représentées en *f* se trouvaient mûres vers le soir. — Les autres cellules n'en formèrent point et disparurent, vers le soir, à 9 heures, sans laisser de trace. — La 3ᵉ cellule supérieure de *d* et de *e* qui paraissait contenir des spores en bon état, disparut aussi. — *r*. Bâtonnet de 4 cellules avec spores mûres. — g^1. Bâtonnet de 5 cellules, avec 3 spores mûres, placé dans un milieu nutritif, après une dessiccation de plusieurs jours. Préparation à midi 30 min. — g^2. Le même à 1 h. 30. — g^3. Le même à 4 h. — h^1. Deux spores desséchées et mises dans un milieu nutritif à 11 h. 45. On voit encore la membrane des cellules mères. — h^2. Les mêmes à 12 h. 30. — *i*, *k*, *l*. Stades ultérieurs de la germination. — Voir l'explication dans le texte, p. 39. — *m*. Bâtonnet au moment de la division transversale, provenant au bout de 8 h., d'une spore placée dans un liquide. — En *a*, grossissement de 250 fois, et de 600 fois dans les autres figures.

Les Bacilles arrivés à leur plus haut degré de développement, sont des cellules isolées, en bâtonnets, possédant les propriétés que nous avons décrites précédemment, désignés simplement sous le nom de « bâtonnets » unicellulaires ou bien réunis en filaments plus ou moins longs. Ils sont tantôt mobiles, tantôt immobiles; leur croissance et leur bipartition se font très rapidement (fig. 1 *a*, *c*). Ils cessent enfin de s'accroître et de se diviser; c'est alors que commence une formation nouvelle : celle des organes de reproduction ou *spores*. Autant qu'on a pu suivre ce phénomène, il commence par l'apparition, dans le protoplasma d'une cellule jusque-là purement végétative, d'un noyau relativement très petit ressemblant d'abord à un point. Ce noyau grossit et se montre bientôt sous la forme d'un corpuscule rond ou allongé, fortement réfringent, à contours très nets, qui atteint très vite, souvent dans l'espace de quelques heures, sa grosseur définitive et qui forme dès lors une spore (*d*, *f*).

Cette spore reste toujours plus petite que la cellule-mère où elle s'est formée. Le protoplasma et le contenu de celle-ci disparaissent en totalité, à mesure que la spore grandit; cette disparition se fait sans doute au profit de cette dernière et bientôt la spore n'apparaît plus, dans l'intérieur de la fine membrane qui limite la cellule-mère, que comme suspendue dans une substance limpide et aqueuse (*r*, *h*).

Ces différents stades sont accompagnés, dans la forme extérieure des cellules, de modifications qui peuvent servir très souvent à la spécification. C'est ainsi que chez le *Bacillus Megaterium*, le *Bacillus anthracis*, le *Bacillus subtilis*, par exemple, la forme des cellules-mères ne diffère pas de celle des cellules végétales, mais la spore mûre est beaucoup plus courte que la cellule-mère, dans les deux dernières espèces; elle est à peine plus étroite que celle-ci chez le *Bacillus anthracis*, et devient un peu plus large chez le *Bacillus subtilis*. Chez le *Bacillus megaterium*, elle est un peu plus courte que la cellule-mère qui reste relativement courte, elle aussi, mais, par contre, elle est beaucoup plus étroite. (Voir fig. 1 et fig. 2.)

Dans d'autres espèces, les spores sont, dans tous les sens, beaucoup plus petites que la cellule-mère. Celle-ci se distingue des autres cellules végétatives ordinairement cylindriques, par la forme qu'elle acquiert pendant la production des spores, ou même avant cette production : c'est celle d'un œuf ou d'un fuseau, soit dans toute son étendue, soit au seul point où la spore se développe, c'est-à-dire généralement à l'une des extrémités de la cellule. Dans ce dernier cas, aussi bien que dans le cas où la cellule-mère, très grossie, se trouve à côté des cellules ordinaires cylindriques, on voit se former des cellules particulières qui ont été décrites sous le nom de Bactéries en *forme de tête*. Ce sont des Bactéries à extrémité renflée où se forment les spores. Des exemples de ces formations sont fournis par le *Bacillus amylobacter* et le *Bacillus Ulna*, etc.

Dans le *Bacillus amylobacter* et le *Spirillum amy-*

liferum, Van Tieghem, la formation de granulose, déjà décrite, précède l'apparition de la spore, et l'endroit où celle-ci se forme se distingue par le manque de granulose en ce point. La solution d'iode montre comme une courte traînée d'un jaune pâle contrastant avec le reste du bâtonnet qui devient bleu. Sa plus faible réfringence le fait d'ailleurs reconnaître sans le secours des réactifs. La croissance de la spore fait bientôt disparaître toute trace de granulose. D'après Prazmowski, celle-ci ne précède pas toujours l'apparition de la spore, même chez le *Bacillus amylobacter*. On ne la rencontre jamais chez d'autres Bacilles, par exemple, dans les trois types que nous avons considérés tout à l'heure. La formation de la spore ne change nullement l'aspect du protoplasma : tout au plus devient-il un peu moins transparent et, dans les formes plus grosses, il montre avec plus de netteté de fines granulations.

Chaque cellule-mère ne forme, autant qu'on peut l'affirmer avec quelque certitude, qu'une seule spore. On a presque toujours pu le constater avec exactitude et les quelques exemples qui semblent contredire cette manière d'être, comme la formation de deux spores par cellule, sont incertains, car rien ne prouve, dans ces cas, que l'observateur ait bien vu qu'il n'y avait pas de membrane séparant deux cellules ou qu'il ne soit pas tombé dans des erreurs du même ordre.

Dans les cultures, la formation des spores se produit ordinairement quand la croissance de la Bactérie cesse de se faire, soit que le substratum soit devenu impropre à son développement, soit que ce substratum soit *épuisé*, comme on dit ordinairement ; ou bien parce que la trop grande quantité de produits d'excrétion ou de décomposition a rendu le milieu défavorable à un développement végétatif ultérieur. A ce moment, la production des spores se fait, avec une très grande rapidité, dans la majeure partie des cellules qui se trouvent ordinairement en quantité considérable. Quelques cellules, par exception, ne prennent aucune part à cette formation ou commencent à produire quelques spores sans aller jusqu'à leur complet achèvement.

Toutes les cellules, qui demeurent ainsi stériles, meurent bientôt et disparaissent, si on n'a pas la précaution de leur fournir un substratum nouveau.

Chez d'autres Bacilles, tels que le *Bacillus amylobacter*, les choses se passent autrement. La production des spores commence à se faire dans des cellules isolées et s'étend peu à peu dans un grand nombre d'autres, tandis qu'il en existe encore de très nombreuses qui continuent à végéter et à se diviser. Cet exemple montre que l'argument du substratum devenant impropre à la végétation, que l'on donne pour expliquer la formation des spores, n'est pas du tout suffisant.

On sait que l'on donne le nom de *spores*, en général, à des cellules qui, se séparant de la plante mère, peuvent, dans certaines conditions, reproduire une nouvelle plante végétative. Le commencement de ce dernier phénomène porte le nom de *germination*. C'est à cette propriété qu'ils ont de germer que les petits corps, dont nous nous occupons, doivent le nom de spores sous lequel on les connaît d'ordinaire.

Quand les spores ont acquis tout leur développement, qu'elles sont mûres en un mot, la membrane de la cellule-mère se détache peu à peu ou se gélifie et les spores sont mises ainsi en liberté. Elles conservent les diverses propriétés que nous leur avons déjà reconnues. Ce sont de petits corps ronds ou ovales, ou allongés, suivant les espèces, rarement de forme différente, aux contours un peu sombres, ordinairement incolores ou d'un éclat légèrement bleuâtre tout particulier, roses, d'après M. Cohn, chez le *Bacillus erythrosporus*. Autour de la ligne sombre qui limite la spore, on observe parfois une enveloppe gélatineuse très pâle, d'aspect blanchâtre, qui forme autour d'elle une couche régulière ou plus accentuée aux deux bouts et se continuant en deux courts prolongements.

Au moment de la germination, il devient manifeste que la spore n'est autre chose qu'une cellule à membrane très mince, mais solide et séparée par une ligne sombre, située elle-même à la partie interne d'une enveloppe gélatineuse.

La germination se produit quand la spore mûre se

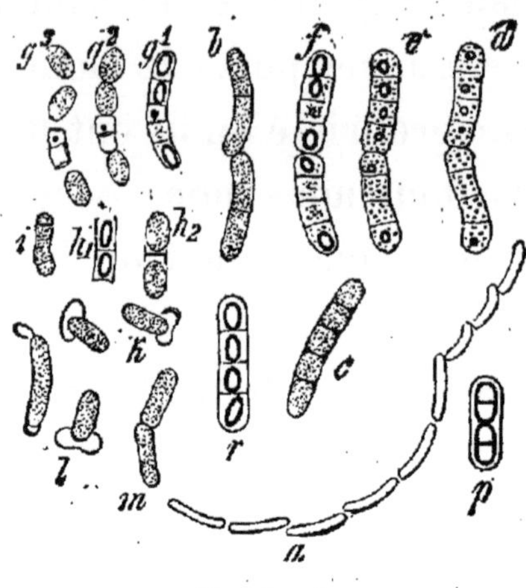

Fig. 2 (1).

trouve dans les conditions favorables à la végétation de l'espèce dont elle fait partie, à savoir en présence de l'eau, d'aliments appropriés et à une température convenable. Tout d'abord, la spore perd sa forte réfringence, son éclat et sa ligne sombre; elle prend l'aspect extérieur de la cellule végétative qui lui a donné naissance, et dont elle acquiert, en même temps, le volume et la forme. A mesure que cela se produit, elle commence à se mouvoir, dans les espèces qui sont douées de mouvement. Viennent ensuite la période végétative, la multiplication des cellules, etc., enfin, tous les stades successifs que nous avons décrits, jusqu'à la formation nouvelle des spo-

(1) Bacillus megaterium. Voir l'explication de la fig. 1, p. 32.

res. Souvent, il s'écoule à peine quelques heures entre le moment où la germination a commencé et celui où la végétation est en pleine activité. (Voir fig. 2, *h-m.*)

Au moment où la première cellule est sur le point de se former, on voit souvent une petite partie de la membrane se détacher de la surface extérieure de la spore, mais être recouverte aussitôt par une couche gélatineuse qui formera l'extérieur de la membrane de la nouvelle cellule. Suivant les espèces, la membrane se détache ainsi en long ou en travers dans la partie moyenne. Le premier cas est fourni, d'après Prazmowski, par le *Bacillus amylobacter* et par quelques autres espèces. Le second se rencontre chez le *Bacillus megaterium* (fig. 2)

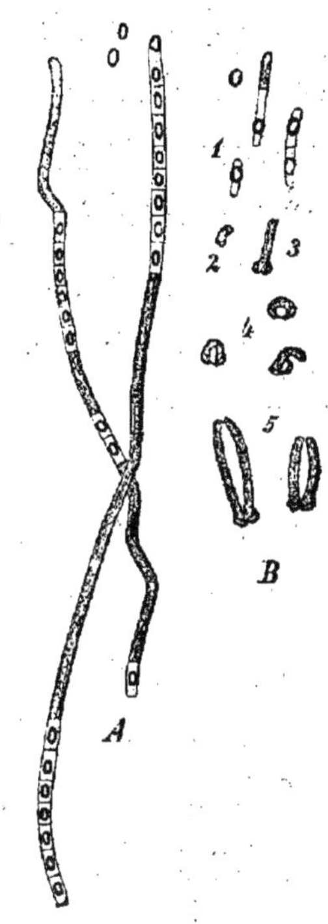

Fig. 3 (1).

(1) *A*. BACILLUS ANTHRACIS. — Deux filaments, dont une partie est en train de former des spores. — En haut deux spores mûres, mises en liberté. — Préparation sur le porte-objet dans une solution d'extrait de viande. — Les spores remplissent presque complètement la cellule-mère, dans le sens transversal.

B. BACILLUS SUBTILIS. — 1. Portion de filament avec spores mûres. — 2. Début de la germination d'une spore : la membrane externe est déchirée transversalement. — 3. Bâtonnet jeune sortant de la spore, dans sa position ordinaire, sur le côté. — 4. Premier bâtonnet recourbé en fer à cheval et devant libre plus tard à l'une de ses extrémités. — 5. Bâtonnets du stade précédent recourbés encore à leurs extrémités. Grossissement 600 fois.

et le *Bacillus subtilis* (fig. 3, *B*). Cette division transversale se produit dans toute la largeur et la membrane forme deux espèces de capuchons aux deux extrémités de la cellule. Ou bien, les deux moitiés restent adhérentes d'un côté et la cellule nouvelle est obligée de sortir de la spore par une ouverture qu'elle se fait latéralement (fig. 2, *h*, *l*).

La membrane qui se détache ainsi est en grande partie très mince et pâle. Chez le *Bacillus subtilis*, elle conserve quelque temps l'éclat et la ligne sombre qui caractérisent une spore non germée, de sorte qu'il faut, probablement, attribuer à la membrane seule ces deux aspects particuliers. Puis la membrane se gélifie, plus ou moins tard, et échappe enfin à l'observation.

La gélification très précoce peut se produire et voiler complètement la déchirure de la membrane, dans la spore, au moment de la germination, par exemple chez le *Bacillus megaterium* ; elle se fait plus tard chez d'autres. Enfin, dans d'autres espèces, telles que le *Bacillus anthracis*, on n'a pas pu voir la membrane se fendre pour laisser passer le protoplasma de la cellule nouvelle.

La croissance en longueur de la première cellule, à la germination, se fait toujours dans la direction même du grand diamètre de la spore, qui est aussi le grand diamètre de la cellule-mère. C'est ce qui se passe aussi chez le *Bacillus subtilis* (fig. 3), bien qu'au premier abord, il semble ne pas en être ainsi. L'ouverture transversale faite dans la membrane de la spore laisse passer, d'habitude, le premier bourgeon protoplasmique qui formera la cellule, de telle sorte que le grand axe de ce bourgeon, en forme de bâtonnet, se trouve à angle droit avec celui de la spore.

En réalité, il n'y a pas là de contradiction et il ne s'est pas produit de changement dans le sens où se fait l'accroissement : mais le bourgeon initial, après avoir atteint une certaine longueur, fait brusquement un coude à 90° de sa première direction et semble ainsi sortir à angle droit avec l'axe de la spore. Apparemment, ce changement de direction est dû à la résistance qu'éprouve le protoplasma de la part de la membrane fortement élastique et qui n'est percée que vers l'un de ses côtés. Quand la croissance est trop rapide, on peut voir les deux extrémités du jeune bâtonnet venir buter contre la membrane et sa partie médiane se courber alors en arc pour sortir par l'ouverture qui lui est offerte. Ce n'est que plus tard, quand la division et la séparation en bâtonnets se sont quelque temps poursuivies, que ceux-ci s'accroissent suivant la longueur même de la cellule.

La formation des spores que nous venons de décrire est une formation *endogène*, c'est-à-dire se produisant à l'intérieur des cellules végétales. Elle différencie profondément les formes *endosporées* d'autres Bactéries que nous avons appelées Bactéries *arthrosporées*. Ce nom indique que des portions isolées de l'ensemble des cellules végétatives, peuvent directement, sans une formation endogène préalable, acquérir toutes les propriétés des spores, c'est-à-dire donner naissance, après s'être séparées de tout le reste, à une nouvelle génération de cellules végétatives. Dans la plupart des types que nous avons en ce moment en vue, il est plus ou moins facile de trouver une différence morphologique réelle entre les cellules végétatives et les spores. Dans quelques autres, cette distinction est complètement impossible, du moins, dans l'état actuel de nos connaissances.

Des exemples de ces sortes de Bactéries nous sont fournis par un type que nous avons déjà vu, le *Leuconostoc* et par le *Bacterium Zopfii*, Kurth.

Le premier, d'après la description de M. Van Tieghem, consiste en une série de petites cellules rondes, arquées, en forme de chapelet, entourées par une masse considérable de gélatine compacte et réunies en grand nombre en Zooglées (fig. 4, *a*, *b*). A la fin de la végétation, et après l'épuisement de toute la nourriture, une grande partie des cellules meurt. Quelques cellules, irrégulièrement situées, dépassent de beaucoup les autres en grosseur, prennent des contours plus accusés, leur membrane devient plus compacte, leur protoplasma plus sombre (*c*). Enfin elles sont mises en liberté par liquéfaction de l'enveloppe gélatineuse. Elles peuvent désormais prendre le nom de spores, et ce nom est justifié par ce fait que, placées dans un milieu nutritif, ces

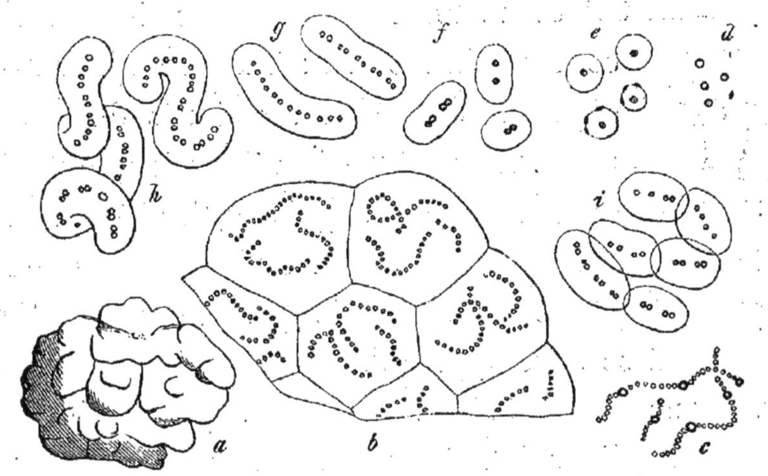

Fig. 4.

LEUCONOSTOC MESENTERIOIDES.— D'après M. Van Tieghem, *Ann. sciences nat.* 6e série. Tome 7; — *a*. Aspect d'une zooglée de grandeur naturelle; — *b-i*. Grossissement 520 fois. *b*. Coupe dans une zooglée adulte, avant le début de la formation des spores. *c*. Filaments avec spores, à un âge plus avancé. *d*. Spores isolées, mûres. *e-i*. Stades successifs de la germination de spores dans un milieu nutritif.—Les lettres indiquent la suite des stades successifs. En *e*, à la partie inférieure, on voit deux cas où la membrane de la spore est gonflée et se détache par un contour sombre du reste de l'enveloppe gélatineuse — *i*. Parties provenant de *h* où le Leuconostoc s'est découpé en plusieurs fragments qui se sont séparés ensuite.

cellules germent et produisent des chapelets, semblables aux chapelets primitifs (*d-h*).

Le *Bacterium Zopfii* a été d'abord trouvé par Kurth dans l'intestin des poules et cultivé ensuite, soit dans de la gélatine, soit dans des liquides de culture appropriés. Placée depuis peu de temps dans le substratum, la Bactérie commence d'abord par former des bâtonnets.

Dans la gélatine, les bâtonnets restent unis en gros filaments souvent pelotonnés. Dans les liquides, ils ne peuvent se développer qu'à une température dépassant 35° et ne forment alors que des filaments courts et immobiles; à 20° les filaments se séparent en bâtonnets doués de mouvement. A la fin de la végétation, quand le substratum est « épuisé », les bâtonnets se transforment en articles courts et arrondis que l'on peut désigner sous le nom de spores, car les articles peuvent se développer, dans un substratum renouvelé, en bâtonnets et en filaments.

Fig. 5 (1).

Quoiqu'ils soient formés d'articles plus nombreux et plus variés, on doit citer ici les *Crenothrix*, les *Cladothrix*, les *Beggiatoa*, etc. que M. Zopf a décrits. Nous y reviendrons plus loin dans la huitième Leçon.

Des exemples d'autres formes, les plus simples de toutes, d'après ce que nous en savons actuellement, se rencontrent dans les organismes que l'on a décrits sous le nom de *Micrococcus* (fig. 5). Chaque cellule végétative peut, à un moment quelconque de son existence, donner naissance à toute une série nouvelle de cellules : on ne peut essayer d'apprécier ici une différence spécifique entre des spores et les cellules végétatives.

(1) MICROCOCCUS UREAE. COHN. — Dans de l'urine en fermentation. — Cellules isolées et files de cellules (*Streptococcus*). — Grossissement 1100 fois.

La distinction que nous avons faite entre les Bactéries endosporées et les Bactéries arthrosporées est rendue nécessaire aujourd'hui par l'état actuel de nos connaissances. Cette distinction est-elle légitime et sera-t-elle durable? C'est ce que nous ne pouvons dire pour l'instant. Nos connaissances sont à ce point incomplètes, que nous avons encore à trouver, d'une part, les formations endogènes dans des types où nous ne la connaissons pas et, d'autre part, nous ne pouvons affirmer si des faits nouveaux ne viendront pas montrer la vanité de la délimitation, peut-être trop tranchée, que nous posons actuellement.

IVe LEÇON

DE L'ESPÈCE. — NÉGATION D'ESPÈCES DISTINCTES. — INSUFFISANCE DES RAISONS QUI LES ÉTABLISSENT. — MÉTHODE DE RECHERCHES. — PARENTÉS DES BACTÉRIES. — LEUR PLACE DANS LA CLASSIFICATION.

Après avoir appris à connaître, dans ses traits principaux, le développement des Bactéries, il nous reste à aborder cette question, si souvent discutée, de savoir jusqu'à quel point on peut affirmer que les Bactéries offrent ce qu'on appelle, en histoire naturelle, des différences spécifiques, jusqu'à quel point elles forment des *Espèces* distinctes.

On sait que les Espèces se distinguent par leur mode de développement. On donne le nom d'*Espèce* à l'ensemble des individus et des générations qui, pendant tout le temps qu'on peut les soumettre à l'observation, présentent, dans des limites de variation définies empiriquement, une évolution toujours semblable, et se répétant périodiquement. Nous définissons par le mot d'évolution l'ensemble des formes successives que présente un être vivant, dans les différents stades de son développement complet. Ces formes sont les signes qui nous permettent de reconnaître et de distinguer chaque Espèce. Chez les plantes et les animaux supérieurs, on est habitué à demander l'existence de ces signes distinctifs, à un seul caractère, en particulier à celui qui peut le mieux les définir. C'est ainsi que l'oiseau se reconnaît aux plumes bien mieux qu'à l'œuf, par exemple. Cette réduction dans le nombre des signes nécessaires à la distinction est précieuse, lorsqu'il existe un stade de développement assez important pour rendre inutile la considération de tous les autres.

Les choses ne sont pas toujours aussi faciles à considérer. Plus un organisme est simple, plus il est nécessaire, pour le caractériser et le distinguer des autres, de prendre un plus grand nombre de stades du développement; plus il est utile de considérer même le développement tout entier de l'espèce et, pour continuer ma comparaison, de suivre l'oiseau depuis l'œuf d'une première génération jusqu'à l'œuf de la génération suivante. Si l'on est assez heureux pour trouver, en chemin, un caractère qui, à lui seul, peut nous suffire, c'est une bonne fortune très commode et qu'on n'a garde de négliger; mais il ne faut pas trop se fier à l'infaillibilité du procédé.

L'expérience a appris que les espèces différentes se comportent très différemment dans les stades successifs qui amènent leur complet développement. Chez les unes, les mêmes formes reviennent successivement, avec des variations individuelles sans importance. C'est ce que nous pouvons appeler des espèces *uniformes*. La plupart des plantes et des animaux supérieurs en fournissent des exemples bien connus. Il en est de même de beaucoup d'êtres inférieurs très simples. Si peu que l'on ait l'habitude de l'observation scientifique, on peut facilement les distinguer, même en ne connaissant qu'une partie seulement de ce qui constitue tout leur ensemble. C'est ainsi qu'une seule feuille de marronnier d'Inde suffit pour nous faire reconnaître l'arbre dont elle est détachée.

Les autres espèces sont *polymorphes*. Elles peuvent, dans des organes de même nom, prendre des formes très différentes, soit par l'action de causes extérieures connues et qu'on peut expérimentalement faire varier à volonté, soit par l'action de causes internes qui ont échappé jusqu'ici à toute analyse. C'est ainsi qu'à côté des marronniers d'Inde dont nous parlions tout à l'heure, une espèce de mûrier donne, sans suivre une marche bien fixe, des feuilles très inégales ; les unes simples en forme de cœur, les autres profondément divisées et lobées. Une seule de ces dernières ne permet pas de reconnaître l'espèce, si on n'a pas, en même temps, devant soi, les premières.

Quant aux plantes inférieures, il ne leur est pas nécessaire, pour présenter cette polymorphie, d'appartenir aux êtres les plus petits et les plus simples, comme le sont les Bactéries. Souvent des plantes complexes sont polymorphes au plus haut degré. Beaucoup de Champignons élevés en organisation comme les Mucors, beaucoup d'Algues vertes comme le curieux *Botrydium granulatum* (1), sont des exemples frappants de ces phénomènes. Bien plus, dans ces plantes il y a ceci de remarquable que souvent, les parties successives de tout l'ensemble ne restent pas unies entre elles par des liens très durables, comme chez les feuilles de mûrier, mais se séparent les unes des autres et vivent chacune d'une vie propre. Quand on rencontre une seule de ces parties ainsi isolées, on est aisément tenté de juger comme on le ferait pour le marronnier et l'on arrive à commettre des erreurs capitales du nombre de celles que l'on pourrait si souvent citer en histoire naturelle. Si, au contraire, on a le soin d'observer comment chaque forme particulière se développe et d'où elle provient, on en conclut facilement, pour toutes ces formes en apparence étrangères, une marche semblable, une même origine et un même retour à un point de départ identique.

(1) Dans la leçon professée, tous ces exemples ont été plus complètement expliqués; nous ne pouvons que renvoyer à la Bibliographie pour de plus amples détails. (*Note de l'auteur*)

Ainsi les espèces polymorphes diffèrent des espèces relativement uniformes, par un développement à stades plus variés, plus tranchés; mais les propriétés de l'Espèce ne s'appliquent pas moins aux unes qu'aux autres.

Pour ce qui regarde les Bactéries, on peut soutenir à leur sujet deux opinions extrêmes très différentes.

Pour les unes, elles se comportent comme les êtres qui ne sont pas des Bactéries, comme les autres plantes et les animaux, elles se divisent nettement en Espèces. Cette opinion ne soulevait pas la moindre objection pour les anciens observateurs, depuis la première découverte des Bactéries par Leeuwenhoek en 1722 (1) jusqu'au commencement de l'année 1870 où Ferd. Cohn a entrepris des travaux très étendus et très complets sur ces petits êtres (2). En suivant les idées de ceux qui l'avaient précédé, en particulier celles d'Ehrenberg (3), M. Cohn chercha à classer d'une manière générale les formes qui lui étaient connues et celles que d'autres avaient déjà signalées. Il s'agissait de mettre dans les travaux nombreux qu'il fallait revoir à nouveau, un ordre au moins provisoire; pour cela, il était nécessaire ou

(1) Leeuwenhoek. — *Experimenta et contemplationes*, Delft.

(2) F. Cohn. — *Unters. über Bacterien.* La suite dans *Beitr. zur Biologie der Pflanzen.* Vol. I. 2e fascicule, p. 127.

(3) C. G. Ehrenberg. — *Die Infusionsthiere als vollk. Organismen.* Berlin, 1838 et sq.

plutôt il était permis d'admettre par avance une hypothèse, qu'on aurait dû, tout d'abord, vérifier avec soin, d'après laquelle chaque forme distincte répond toujours à une espèce distincte.

Les Espèces furent donc distinguées, puis classées, d'après leur aspect, leur forme végétale et aussi d'après leur action sur le milieu nutritif. Les formes végétatives analogues à celles que nous appelons un arbre, un buisson, reçurent les noms dont nous nous sommes servis jusqu'ici de *Micrococcus*, de *Spirillum*, de *Spirochœte*, etc., et servirent à désigner ce qu'on nomme des Genres en histoire naturelle, comme le sont le Poirier, le Châtaignier, etc. — C'est ce qu'on pourrait appeler des genres créés d'après la forme seule.

Ces genres et ces espèces « d'après la forme » correspondent-ils aux genres et aux espèces que l'on trouve réellement dans la nature? C'est une question que M. Cohn a expressément laissée de côté et qu'il a réservée pour des études ultérieures.

En opposition avec la classification provisoire de M. Cohn et les idées sur lesquelles elle s'appuyait, d'autres auteurs mirent complètement en doute l'existence d'espèces distinctes sur les Bactéries.

Dans cette seconde théorie, les formes que l'on observe proviennent les unes des autres par une série de variations successives et peuvent passer de l'une à l'autre par des changements survenus dans les conditions vitales. Ces changements qui, dans le sens strict du mot, ne peuvent entrer en ligne de compte actuellement, se manifestent plutôt par une action variable sur le milieu nutritif. Cette théorie reçut un important développement, en 1874, dans un gros livre de M. Billroth (1) qui réunit toutes les formes qu'il avait étudiées, et elles sont nombreuses et variées, dans une espèce unique à laquelle il donna le nom de *Coccobacteria septica*.

La même manière de voir est adoptée depuis 1877 par M. Nægeli (2) et son école. Cependant M. Nægeli exprima son opinion en y apportant, jusqu'à un certain point, des réserves et de la retenue quand il dit qu'il ne voit aucune nécessité de diviser les milliers de formes de Bactéries, qu'il a pu observer, en deux espèces seulement. Il est donc pour le moins prématuré d'avoir une opinion bien arrêtée sur un sujet qui réclame encore tant de recherches.

Mais d'un autre côté, M. Nægeli va jusqu'à dire : Si mon opinion est juste, la même Espèce prend, dans la suite des générations, successivement des formes différentes, variables, morphologiquement et physiologiquement dissemblables. Dans le cours des années ou des siècles, l'une de ces formes acquiert la propriété de produire l'acidité du lait, une autre de faire de l'acide butyrique dans la choucroute, une troi-

(1) Billroth. — *Coccobacteria septica*. Berlin, 1874.
(2) Nægeli. — *Die niederen Pilze*. Munich, 1877.

sième de gâter le vin. Enfin l'on en voit d'autres qui altèrent l'albumine, qui décomposent l'urée, qui colorent en rouge les matières alimentaires contenant de l'amidon. Les mêmes formes donnent le typhus ou la fièvre récurrente, ou le choléra, ou la fièvre intermittente.

Cette théorie demande à être examinée de près. L'intérêt public, pour ainsi dire, réclame en tous cas une réponse décisive à la question de l'Espèce qui nous occupe. Pour la médecine, par exemple, il n'est nullement indifférent de savoir si, réellement, un organisme, se trouvant dans le lait caillé ou les autres matières alimentaires, et inoffensif à cet état, ne changera pas de forme, à un moment donné, pour venir engendrer le typhus et le choléra. D'un autre côté, l'intérêt scientifique proprement dit exige aussi une réponse à cette question si importante.

Or, il est possible d'affirmer, dès à présent, que les recherches faites sur les Bactéries permettent de prévoir la solution du problème et que la difficulté n'est pas plus grande pour savoir s'il y a des espèces distinctes, que dans tout autre exemple choisi parmi les êtres mieux connus.

Les Espèces peuvent toujours se distinguer facilement, quand on a bien soin de suivre toute leur évolution. Beaucoup de types suivis ainsi par MM. Brefeld, Van Tieghem, Koch, Prazmowski se sont montrés relativement uniformes.

Ils montrent ordinairement, dans les divers stades de leur développement, une assez grande régularité de forme, de croissance et de groupement.

D'autres sont, sur ce point, plus variables. Ils manifestent une polymorphie complexe à un degré plus ou moins élevé.

Un bon exemple de type uniforme se trouve dans le *Bacillus megaterium* dont nous avons étudié plus haut les endospores. Nous avons vu que la spore donne naissance à un premier bâtonnet mobile qui, par divisions successives, produit toute une suite de générations en bâtonnets, jusqu'à ce qu'on revienne à la formation des spores. (Voir fig. 1.)

Le *Bacillus subtilis* se comporte un peu différemment, dans les conditions normales de culture, au milieu d'un liquide. Les générations provenant de la spore donnent naissance à des bâtonnets mobiles dans le liquide : mais ceux qui proviennent de ces premières générations restent réunis en longs filaments : ils sont dénués de mouvement et se tiennent, à la surface du liquide, groupés en un voile formé de Zooglées, comme nous l'avons dit plus haut. C'est à cet état qu'apparaissent les spores. Il y a donc ici une multiple alternance de forme, on peut dire une double alternance ou, si l'on compte les spores, une triple alternance qui se produit régulièrement entre une génération de spores et la suivante. Chaque fois, les rapports particuliers de grandeur et de forme restent les mêmes, dans des limites de variations parfaitement définies. Ces variations, se faisant dans un sens bien déterminé, se produisent avec les mêmes caractères que partout ailleurs dans l'ensemble de l'empire organique.

Il peut même exister des formes débiles particulières. C'est ainsi que j'ai vu le *Bacillus Megaterium*, placé dans des conditions nutritives défavorables, diviser en partie ses articles déjà très courts, les arrondir, après cette division, et former de la sorte des espèces de Microcoques. En même temps, il se produisait quelques autres formes anormales. La formation des spores ne se fit pas, ou commença à peine à se faire. Il suffit d'améliorer les conditions nutritives pour ramener ces formes débiles aux formes normales.

Les espèces polymorphes sont surtout représentées par les espèces arthrosporées que nous avons déjà indiquées : les *Crenothrix*, les *Beggiatoa* (Voir Leçon VIII) ; les *Beggiatoa* en particulier produisent des Zooglées qui s'accroissent avec une rapidité extraordinaire et sont composées de formes droites et de formes spiralées mobiles. Malheureusement, la suite du développement, dans ces types, n'a pas été assez complètement observée ni très clairement exposée. On ne peut décider, dans ce cas, si la polymorphie, en apparence si irrégulière, ne provient pas de ce qu'on a confondu et étudié à la fois plusieurs espèces en réalité moins polymorphes.

Le lecteur qui se trouve mêlé de loin à ces recherches et à l'objet de ces controverses, demandera, sans aucun doute, comment il peut se faire que l'on ait deux opinions aussi différentes : l'une qui nie l'existence d'Espèces distinctes, l'autre qui l'admet. Je répondrai que cette extrême divergence a son origine dans les différences, je dirai même, dans les défauts de la méthode de recherches. Je n'entends pas par méthode ce qu'on entend quelquefois par ce mot, à savoir les moyens techniques et l'habileté pratique dans les recherches, mais, dans un sens plus large, je désigne par le terme de méthode la manière même de poser la question et de tirer les conséquences de ce l'on a observé.

L'Espèce, nous l'avons déjà dit et nous le répétons encore, ne peut être distinguée sûrement et ne peut être sûrement définie que par la marche tout entière de son développement, ce qui signifie par le développement successif des formes se faisant suite l'une à l'autre. Celles qui viennent plus tard naissent de celles qui sont venues plus tôt et sont des parties de ces premières. Elles sont donc avec celles-ci, à un moment quelconque, dans une *continuité* ininterrompue, même quand elles arrivent plus tard à s'en séparer. On ne peut donc démontrer qu'une forme appartient à l'un des stades d'un certain développement qu'en démontrant, au préalable, sa continuité avec toutes les formes de ces stades. Toute autre tentative d'établir la place que doit occuper une forme donnée dans la vie de l'Espèce, sera illusoire.

Les observations les plus précises et les plus parfaites des formes qui se succèdent en un même point, l'hypothèse d'un développement basée sur des comparaisons et des analogies, si justes et si ingénieuses qu'elles puissent être, tout cela ne donnera aucun résultat, car on sera parti d'un principe logiquement faux.

Je vais citer un exemple qui éclaircira ma pensée. Nous reconnaissons une espèce de blé à sa graine, à son chaume, à sa feuille, à ses fleurs et à ses fruits, et nous savons que ces différents organes se succèdent les uns aux autres. L'observation nous a seule appris ce fait que chacune de ces parties tire son origine des précédentes. C'est là ce qui nous fait dire qu'un grain de blé appartient au blé, à la plante, quel que soit le point où on le trouve, qu'il soit ramassé à terre ou pris dans le grenier. Nous savons de même que le chaume et la feuille appartiennent au grain parce que nous les avons vus sortir de ce grain, et non pas parce qu'en semant du blé sans un champ, on y voit pousser plus tard des tiges de blé. Car en ce même lieu où le blé a été semé, on peut voir pousser de l'ivraie, par exemple.

Cette considération semble triviale : la distinction

paraît être toute naturelle et elle l'est en effet. Mais on ne saurait trop avoir cet exemple présent à l'esprit : on ne cesse de pécher contre la logique, malgré toutes les précautions, et une foule de confusions doivent de s'être produites à des erreurs de cette sorte.

L'exemple dont nous nous servions tout à l'heure va nous servir de nouveau à l'appui de notre thèse. Il y a à peine quarante ans, on affirmait encore que toutes les mauvaises herbes naissaient du grain de blé et il se trouvait des gens, d'ailleurs instruits et intelligents (1), pour croire la chose possible, puisque, disaient-ils, les mauvaises herbes viennent dans le lieu même où l'on n'avait semé *que du blé*. Pour peu qu'on prît la peine d'examiner « ce lieu même », on trouvait que le grain de blé n'avait produit que du blé ou n'avait rien produit du tout et que l'ivraie provenait de grains d'ivraie qui étaient là précédemment : partout où cette ivraie avait poussé en place du blé ou en même temps que lui, cela tenait à ce que sa graine s'était trouvée d'une manière quelconque au même lieu que le grain semé.

Plus les formes deviennent simples et petites, plus il devient difficile d'appliquer logiquement notre méthode, et plus il faut y apporter d'attention. Dans les formes petites composées de cellules séparées et

(1) Hornschuch. — In *Flora od. Bot. Zeitg.* Regensburg, 1848.

fort peu caractéristiques, comme beaucoup de Champignons inférieurs et comme les Bactéries elles-mêmes, il faut commencer par voir avec soin, si la semence primitive ne contient qu'une seule espèce ou en contient plusieurs. C'est ce dernier cas qui se présente le plus fréquemment. Les milieux où l'on prend les semences que l'on veut étudier, contiennent souvent différentes espèces croissant les unes à côté des autres et les unes au milieu des autres. Pendant l'expérience, des formes inattendues peuvent s'introduire dans les cultures, apportées souvent avec les grains de poussière, et quand on pense avoir une récolte bonne et bien pure en apparence, il se trouve qu'on a, en même temps, toute une foule d'espèces étrangères, que l'on peut appeler des ivraies microscopiques.

Quand tout s'accroît dans les mêmes proportions, la distinction reste encore relativement facile et le mélange devient aisément manifeste. Mais les choses peuvent se passer autrement et l'expérience montre qu'il en est le plus souvent ainsi. L'une des espèces grandit bien, dans certaines conditions, une autre croît mal ou pas du tout. La plus favorisée prend le dessus sur celle qui l'est moins et l'opprime jusqu'à en amener la complète destruction. Au moment de l'examen, il peut se faire que l'on n'ait que de l'ivraie à la place du bon grain. Et cette substitution peut se faire très vite. Nous verrons plus tard que certaines Bactéries, placées dans des conditions favorables, peuvent, en moins d'une heure, doubler le nombre de leurs cellules. D'autres, se trouvant dans de mauvaises conditions, même quand elles sont seules dans le milieu, peuvent diminuer en quelques heures et disparaître tout à fait. Il suffit donc que le hasard réunisse deux espèces telles que celles-ci pour qu'on voie, en un temps très court, le mélange primitif changer complètement de nature.

Il est certain que de pareilles difficultés, loin de détruire notre principe, ne font que lui donner plus de force. Ceux qui nient radicalement l'existence de l'Espèce, comme M. Billroth et M. Nægeli, n'ont en réalité jamais entrepris de vérifier par l'observation directe ce que nous avons appelé « la continuité du développement » : donc leur négation de l'Espèce n'est plus justifiée. M. Billroth a, il est vrai, examiné avec beaucoup de soin et comparé entre elles les différentes formes; mais il n'a jamais contrôlé, sans interruption, les changements qui se produisaient dans ses préparations ou dans ses cultures : ou s'il l'a fait, c'était au bout d'un temps plus ou moins long et pendant qu'il interrompait ainsi ses observations, il pouvait s'être passé une foule de changements inconnus.

M. Nægeli, c'est du moins ce qui ressort de ses publications, n'a jamais examiné les formes diverses de bien près. Il appuie ses conclusions, même ses conclusions de morphologie, sur des observations, nullement morphologiques, des phénomènes de fermentation qu'il considère en général. Citons un exemple de sa manière de faire. M. Nægeli remarque que le lait devient aigre par le repos, quand il n'est pas cuit et amer quand il est cuit (1). Il sait que le premier phénomène est dû à une Bactérie. Le second, la formation du lait amer, devient pour lui la conséquence de la cuisson qui change l'action de cette même Bactérie; c'est, dit-il, « la transformation d'une certaine propriété fermentescible « d'un même Champignon en une autre. » Ainsi, il faut admettre, avant tout, que le lait frais contient une seule espèce de Bactérie. Pourquoi pas plusieurs, parmi lesquelles les unes se développent surtout avant la cuisson et les autres après, et n'est-ce pas là qu'il faut chercher la cause réelle des changements dans le goût du lait? Telle n'est pas, pour lui, la question principale.

C'est cependant l'explication qui ressort, en réalité, des nouvelles recherches de M. Hueppe (2). Parmi les nombreuses Bactéries qui se trouvent dans le lait, à l'état frais, c'est d'abord le *Micrococcus lacticus* qui se développe le premier, à une basse

(1) Nægeli. — *Niedere Pilze*. — 1877, p. 21.

(2) Hueppe. — *Unters. über d. Zersetzung. d. Milch.* Mittheil. aus dem Kais. Gesundheitsamte, II, 1884.

température, et il aigrit le lait en formant de l'acide lactique. La cuisson le tue, en épargnant les spores du Bacille de l'acide butyrique, le *Bacillus amylobacter*, qui se trouve également dans le lait. C'est alors que le *Bacillus amylobacter* y produit une fermentation qui donne au lait un goût d'amertume.

Un second exemple de ces erreurs nous est fourni par cette opinion, soutenue au laboratoire de M. Nægeli, que le Bacille des infusions de foin, le *Bacillus subtilis*, est identique au Bacille du charbon ou *Bacillus anthracis*. Les deux espèces ont en effet quelques points de ressemblance et les observations de M. Buchner ont donné quelques faits précis sur lesquels nous reviendrons dans notre douzième Leçon. Or, le signe le plus distinctif du *Bacillus subtilis* est la germination de ses spores que nous avons décrite, le bourgeonnement de la cellule germinative hors de la fente produite dans la membrane de la spore et sa sortie perpendiculairement au grand axe de la spore. D'autre part, le Bacille du charbon ne présente aucun de ces phénomènes, d'après ce que M. Buchner dit lui-même. Mais comme il n'insiste nulle part sur ces différences, on peut se demander s'il a eu uniquement sous les yeux le seul *Bacillus subtilis*. En tout cas, l'étude seule des diverses formes de Bactéries ne permet pas, logiquement, de donner une conclusion générale qui présente quelque raison d'être.

Les recherches plus attentives des observateurs ont peu à peu fait disparaître les erreurs existantes, depuis celles du blé jusqu'à celles des Bactéries, en passant par un nombre considérable de plantes grandes et petites. En général, on est arrivé à cette conclusion que la question de l'Espèce doit se traiter de la même manière, pour le moment, chez tous les êtres vivants. En particulier, pour les Bactéries, il reste bien à faire encore pour résoudre cette question et c'est à peine si nous pouvons aborder ce sujet.

Ce sont des recherches plus précises, ai-je dit, qui ont donné des résultats. Il faut que je complète ma pensée en ajoutant sur quels points ces recherches ont porté et sur quoi elles portent encore.

Tout d'abord, il est à peine besoin de dire que les moyens de recherches proprement dits, les appareils, les procédés techniques, les réactifs, etc., se sont beaucoup perfectionnés. Pour le sujet qui nous occupe, il était d'une haute importance de pouvoir observer longuement ces petits organismes isolés, c'est-à-dire de suivre un seul individu, pendant toute sa croissance. Des cultures qu'on peut facilement contrôler au microscope, permettent seules d'atteindre ce but. Il s'agit de fixer d'une manière durable et de suivre, dans une préparation microscopique, les diverses phases de la végétation d'une spore, d'un bâtonnet. C'est ce que l'on obtient à l'aide de la *chambre humide* ; c'est un appareil dans lequel l'objet microscopique, protégé contre la dessiccation, peut être observé d'une manière continue dans les conditions favorables à sa croissance. Ces sortes d'appareils sont très nombreux : chacun d'eux a ses avantages et ses désavantages, suivant les circonstances et suivant chaque observateur. Ce n'est pas le lieu de décrire plus complètement ces appareils de laboratoire.

Le milieu dans lequel on doit placer les organismes soumis à l'observation microscopique ou à la culture, est ordinairement formé par un liquide, à cause de la transparence que l'on obtient dans ce cas. En effet, des êtres vivants et souvent mobiles peuvent facilement s'y déplacer et s'y disséminer. Une condition très favorable à des observations continues est remplie quand on emploie un milieu transparent, permettant l'introduction des matières nutritives favorables au développement, et qui n'est pas fluide pour ne pas retarder ou même empêcher le déplacement des organismes dans tous les sens. Ces milieux sont fournis par la gélatine et les substances analogues. La gélatine a été employée pour la première fois, autant que je sache du moins, par Vittadini en 1852, pour cultiver des Champignons microscopiques (1). Elle a été reprise plusieurs fois depuis, en particulier par M. Brefeld. Enfin, c'est en 1873

(1) C. Vittadini. — *Della natura del calcino.* Giorn. Instituto Lombardo t. III, 1852.

que M. Klebs (1) l'a recommandée spécialement pour la culture des Bactéries ; et dernièrement, les cultures dans un substratum gélatineux ont été employées par M. Koch.

Après avoir donné un aperçu général de la morphologie et du développement des Bactéries, il nous reste à voir quelle est leur place dans la classification et leurs liens naturels de parenté avec les autres organismes. D'ailleurs, cette question n'a pour nous qu'un intérêt secondaire et nous la traiterons très brièvement.

Quand on compare la structure et le développement des Bactéries avec ceux des autres êtres, les Bactéries arthrosporées concordent complètement, dans toutes les phases connues de leur vie avec les plantes qui appartiennent au groupe des *Nostocacées*, en donnant à ce groupe des limites précises. Les Nostocacées à chlorophylle sont placées à côté de celles qui sont colorées en bleu et en violet, et c'est pour cette raison seule qu'on doit les séparer des Bactéries qui n'ont pas de chlorophylle.

Du reste, les Bactéries arthrosporées sont tout à fait, à d'autres points de vue, des Nostocacées sans chlorophylle. Leur structure, leur végétation, la formation éventuelle de leurs Zooglées, leur mobilité plus ou moins durable, mais très nette aussi chez

(1) E. Klebs. — *Beitr. z Kenntn. d. Mikrokokken.* Archiv. f. Exp. Pathologie, t. I, 1873.

les Oscillaires qui font partie des Nostocacées, tout concorde dans les deux groupes. Si l'on néglige l'absence de chlorophylle dans l'un des groupes, il n'y a entre eux pas de différences plus considérables que celles qui existent entre deux espèces voisines d'une même famille. La description du *Leuconostoc*, que nous avons faite plus haut (voir page 43), expliquera mieux notre pensée.

Le nom donné au *Leuconostoc* vient de ce que cette plante est presque en tout point semblable aux espèces du genre *Nostoc* qui sont colorées en vert bleu et qui habitent l'eau ou la terre humide. Elle en diffère seulement parce qu'elle est incolore ou blanchâtre. Il faut ajouter, en outre, que la plupart des Nostocacées ont des cellules qui atteignent des dimensions notablement supérieures à celles des Bactéries. Enfin, les formes de ce groupe qui ressemblent moins aux Bactéries, sont mises à côté d'autres formes plus élevées et dont la végétation n'est plus aussi simple.

Les Bactéries que nous avons désignées sous le nom d'endosporées, présentent des phénomènes semblables à ceux des Bactéries arthrosporées, jusqu'au moment de la formation des spores ; mais elles ne se rapprochent d'aucun autre groupe d'organismes connus. C'est donc aux Bactéries arthrosporées seules que nous devons les rattacher, provisoirement du moins. On a ainsi fait de l'ensemble des Bactéries un groupe qu'on a placé parmi les Nostocacées : c'est ce qu'on a appelé des *Schizophytes*. D'après cela, les Nostocacées à chlorophylle sont des Schizophytes-algues, et celles qui n'ont pas de chlorophylle, des Schizophytes-champignons ou *Schizomycètes*.

Tout le groupe des Schizophytes se trouve isolé, jusqu'à un certain point, dans l'ensemble des classifications. On ne lui trouve pas de rapport très net avec les autres groupes, bien qu'il soit hors de doute que ces plantes, et, en particulier, les Nostocacées proprement dites, possèdent les propriétés communes à toutes les plantes simples. Nous avons déjà vu qu'on ne peut guère les rapprocher des Champignons définis de la manière que nous avons indiquée, et placés à leur rang ordinaire dans la classification naturelle. Par conséquent, tout ce qu'on peut dire, c'est que les Bactéries forment avec les autres Schizophytes, un groupe de plantes inférieures et très simples.

Vᵉ LEÇON

ORIGINE ET PROPAGATION DES BACTÉRIES.

Pour pouvoir étudier le mode de vie des Bactéries, il nous faut, avant tout, chercher d'où elles viennent et comment elles arrivent aux lieux où nous les trouvons.

Si nous nous tenons purement aux résultats précédemment acquis, d'après lesquels les Bactéries ne diffèrent pas des autres plantes, nous prévoyons, dès maintenant, que leur origine doit aussi être la même que celle de tous les êtres, c'est-à-dire qu'elles proviennent d'individus semblables à elles. L'expérience prouve qu'il en est ainsi en réalité ; l'origine de l'organisme peut être une spore ou toute autre cellule capable de végéter. C'est ce que nous appellerons, d'une manière générale, des *germes*.

Les germes de ces organismes, de ces plantes, sont en nombre infini. On peut dire, sans exagération, qu'ils couvrent la surface de la terre et le fond des eaux, dans des proportions qui échappent à tout calcul. Le nombre des plantes que l'on observe à l'état adulte ne peut donner que des indications incomplètes ou même nulles sur ce sujet : en effet, la quantité de germes qui proviennent d'une seule plante est toujours beaucoup plus considérable que celle des individus qui peuvent se développer dans l'espace très restreint que l'on observe. En général, on peut dire que la production et la propagation des germes se fait d'autant mieux chez les organismes, toutes choses égales d'ailleurs, que ces germes sont plus petits. Ils trouvent ainsi plus aisément la place et la nourriture nécessaires au développement et à la formation de germes nouveaux. Les conditions mécaniques pour le transport de ces germes d'un point à un autre, sont aussi plus favorables, étant donnés leur volume et leur masse moins considérables.

Ce qui précède explique la quantité énorme de germes qui appartiennent aux organismes inférieurs, surtout aux plantes, et dont le grand nombre cause toujours au premier abord un étonnement profond. Si l'on abandonne à elle-même de l'eau de puits, elle ne tarde pas à devenir verte, par suite du développement de petites algues dont les germes étaient déjà contenus dans l'eau ou y ont été apportés avec la poussière de l'air. De même, un morceau de pain humide se couvre rapidement de moisissures dont il contenait les germes. J'ai fait, il y a quelque temps, dans le cours de certaines études que j'avais entreprises, des recherches sur des *Saproléyniées*, groupe de champignons assez gros comprenant environ vingt-quatre espèces, se développant dans l'eau, sur des cadavres d'animaux. J'ai trouvé que dans une eau quelconque, aussi bien l'eau de plaine que l'eau située dans la montagne à plus de 2,000 mètres d'altitude, une poignée de vase, prise au hasard, contenait *toujours* une ou plusieurs espèces du groupe que j'étudiais. La présence réelle de germes préexistant dans tous ces cas, se démontre à la fois à l'aide du microscope et au moyen d'expériences sur lesquelles nous ne tarderons pas à revenir.

Comme les faits que nous venons de citer peuvent le faire prévoir, il y a, parmi les plantes microscopiques, des espèces rares, d'autres plus communes, dont la propagation se fait peu ou beaucoup. Les mêmes principes doivent s'appliquer dans le cas d'organismes simples et dans celui d'organismes élevés ; le climat et les autres causes extérieures doivent agir également sur la propagation : ces causes peuvent, il est vrai, pour les mêmes motifs que plus haut, avoir une influence bien moins considérable que dans les espèces inférieures. Mais les recherches ne sont pas assez avancées pour qu'on puisse s'étendre beaucoup sur ce sujet ni citer, comme arguments, un grand nombre de faits.

Comme exemple de causes influant sur la vie des organismes, nous pouvons indiquer l'existence d'un petit champignon à peine visible à l'œil nu, le *Laboulbenia muscae* qui vit à la surface du corps de la mouche domestique : mais il ne se trouve qu'à Vienne et, paraît-il, dans le sud-est de l'Europe. C'est en vain qu'on le chercherait dans nos contrées, dans le centre et l'ouest de l'Europe ; jusqu'ici il a échappé à toutes les recherches.

On connaît des cas plus nombreux de faits inverses. Nos moisissures les plus communes, le *Penicillium glaucum*, les *Eurotium*, sont répandues dans toutes les parties du monde et sous tous les climats. Il en est de même de beaucoup d'autres Algues et Champignons.

Pour ce qui regarde les Bactéries, elles forment encore une regrettable lacune dans nos connaissances générales sur les petits organismes. Nous connaissons encore trop peu leurs espèces, comme on a pu le voir, pour qu'il nous soit permis de présenter des données précises sur un grand nombre d'entre elles.

On sait cependant qu'il existe quelques espèces relativement rares comme le *Micrococcus prodigiosus* des taches de sang, et le *Bacillus megaterium*. D'autres, au contraire, se trouvent presque partout, comme le *Bacillus subtilis*, le *Bacillus amylobacter*, le *Micrococcus ureae* qui sont toujours sûrs de rencontrer partout les conditions nécessaires à leur existence. D'autres exemples se présenteront naturellement à nous dans la suite de notre travail.

Si l'on ne tient pas à indiquer les limites précises d'une espèce en particulier, on peut dire, avec la plus grande certitude, qu'on trouve partout des germes capables de se développer. L'observation directe nous les montre dans le sol, dans l'air, dans la poussière, dans les eaux, et en si grande abondance qu'on s'explique facilement leur présence en tous les points où ils trouvent des conditions d'existence favorables.

Il y a un moyen simple d'arriver à se convaincre de ces faits et en même temps à se rendre un compte approximatif du nombre des germes qui existent dans un espace déterminé. Ce que nous dirons pour les Bactéries pourra naturellement s'appliquer aux autres organismes inférieurs, Algues ou Champignons. Les deux études peuvent se faire en même temps. Ce moyen consiste d'abord dans la simple observation microscopique. Mais on est arrêté ici par des difficultés très notables. Les germes peuvent ne pas se trouver précisément dans l'espace très petit qu'on examine : il faut les rechercher avec soin et c'est là un travail extrêmement pénible, surtout quand il faut faire au fur et à mesure le compte des germes que l'on voit.

On a imaginé toutes sortes de procédés pour faciliter ce travail. La méthode ingénieuse de M. Pasteur, pour reconnaître la présence des germes dans l'air, consiste à faire arriver l'air à l'aide d'un aspirateur et à le faire passer dans un tube fermé par un épais bouchon de fulmicoton. Le fulmi-coton laisse un libre passage à l'air qui se débarrasse en même temps des parties solides et, en particulier, des germes qu'il tient en suspension. On comprend qu'on puisse faire passer ainsi une quantité d'air très considérable dans un très court espace de temps. Le fulmicoton est soluble dans l'éther. On peut se servir de cette propriété pour ne conserver que les germes qu'il a retenus. Ils peuvent facilement, après cela, être soumis à l'observation et leur nombre peut en être aisément évalué.

Le traitement par l'éther a l'inconvénient de tuer les germes. De plus, le microscope ne permet pas de reconnaître avec certitude si l'on a affaire à des germes vivants ou morts. C'est précisément ce qu'il est important de déterminer. On y arrive par des procédés différents plus ou moins compliqués.

Bien des recherches ont été faites dans ce sens pour avoir une méthode facile et sûre qui donnât à la fois tous les résultats qu'on pouvait désirer.

L'une des meilleures est celle qui est due à M. Koch.

M. Koch est parti de ce fait que la gélatine est un milieu très favorable pour le développement des Champignons et des Bactéries qui ne sont pas exclusivement parasitaires : il suffit d'y ajouter les éléments nutritifs nécessaires, préparés et choisis à volonté. On y introduit des proportions connues de la substance soumise à l'observation, comme de la terre, un liquide, etc. La gélatine, convenablement préparée, est fluide à 30° environ ; on la laisse se solidifier à une température plus basse. Il suffit, pour qu'elle « fasse prise », d'une température de 20° qui est en général favorable à la vie des organismes. La masse, ainsi solidifiée, a pour but de fixer chaque germe, en lui permettant de se développer, mais de se développer sur place seulement : car la propagation dans tous les sens est rendue impossible, au commencement du moins, dans le milieu solide. Si l'on a eu le soin, au début de l'expérience, d'étaler la gélatine transparente sur une mince plaque de verre, on peut suivre facilement, au microscope, le développement des différents germes et en faire au besoin le dénombrement.

Quand on veut étudier les germes de l'air, il suffit de faire passer l'air, à l'aide d'un aspirateur, dans des tubes de verre, qu'on a enduits à l'intérieur d'une mince couche de gélatine. Les germes contenus dans l'air viennent en grande partie tomber sur la gélatine et s'y fixer pour se développer ensuite. L'expérience réussit parfaitement quand on a le soin de régler convenablement la vitesse de passage de l'air introduit. Quand ces expériences sont bien faites et qu'on évite l'introduction d'impuretés étrangères, on ne tarde pas à obtenir sur la gélatine des groupes distincts de Bactéries ou de Champignons, etc. Chaque groupe ainsi formé doit son origine à un seul germe, ce qu'on peut aisément vérifier avant le développement, ou quelquefois à toute une masse de germes préalablement existants et qui ont été déposés en un même point.

Il est évident que cette méthode peut, théoriquement, donner le résultat cherché, d'une manière simple et précise. Cependant, ce résultat est, en réalité, toujours approximatif, puisque l'expérience ne donne, en principe, aucun renseignement sur le nombre de germes qui se sont développés parmi tous ceux qui sont capables de le faire. Rien ne dit que, parmi ceux qui se sont fixés sur la gélatine, tous se soient réellement développés ou que l'air en passant les ait tous déposés. Une autre expérience, dans laquelle on pourrait se mettre à l'abri de ces diverses causes d'erreurs, en n'employant pas la fixation des germes, ne semble guère praticable. — En tout cas, on ne l'a pas encore imaginée.

Il faut ajouter que le procédé de culture de M. Koch, dans la gélatine, est encore celui qui donne les meilleurs résultats : le choix et la répartition des Bactéries, en cultures isolées, sont rendus ainsi très faciles. Tous les groupes, issus d'un seul germe, sont forcément très purs. On peut en obtenir à volonté des quantités très considérables : pour cela, il suffit de prendre, dans un groupe, une parcelle aussi petite que l'on veut, sur la pointe d'une aiguille. En disséminant cette quantité si petite dans une grande masse de gélatine, la séparation des Bactéries se fait d'elle-même et les germes capables de se développer sont ainsi isolés. Les groupes qui en proviennent sont naturellement d'une grande pureté.

D'autres expériences très nombreuses ont été faites dans ce sens, d'après les mêmes principes, mais peut-être avec des méthodes et des dispositions moins parfaites. Nous ne les décrirons donc pas plus longuement. Les plus complètes, sur la répartition des germes dans l'eau et dans l'air, sont faites actuellement par M. Miquel, à l'observatoire météorologique de Montsouris, à Paris; elles sont continuées pendant tout le courant de l'année (1).

L'ensemble de tous ces travaux a donné des résultats dont une grande partie a déjà été exposée tout à l'heure. Ils ont montré un fait qu'on pouvait prévoir *à priori*, c'est que le nombre des germes vivants est fort variable suivant les lieux, le climat, la saison, toutes choses égales d'ailleurs. Dans une série d'expériences, faites dans le parc de Montsouris, on recueillit des germes de l'air, à l'aide d'un aspirateur, sur des plaques de verre enduites de gélatine mélangée à une dissolution de sucre de raisin. La quantité de germes de Champignons ou de

(1) *Annuaire de l'Observatoire de Montsouris*. Depuis 1874 et en particulier depuis 1879.

Bactéries vivants ou morts varia, en décembre, de 0,7 à 0,9 et, en juillet, monta à 43,3 par litre d'air.

Des analyses très précises ont été faites dernièrement par M. Hesse, au moyen de l'aspirateur et avec des plaques de gélatine. Elles ont donné par litre d'air, pour les germes capables de se développer, les proportions suivantes :

1re Salle d'hôpital à 17 lits	Bactéries,	2,40;	Champignons,	0,4.
2me Salle — à 18 lits	—	11,00;	—	1,00
1re Etable d'animaux (service de santé)........	—	58;	—	3,00
2me Etable................	—	232;	—	28

L'air de Berlin contient 0, 1 à 0, 5 de germes par litre, les Bactéries et les Champignons étant à peu près dans d'égales proportions.

Pour les eaux, M. Miquel donne les chiffres suivants :

Eau de pluie recueillie..............	35	par centimètre cube
Eau de la Vanne....................	62	—
Eau de Seine en amont de Paris.. .	1400	—
Eau de Seine en aval de Paris......	3200.	—

Pour le sol, les évaluations numériques font défaut. On peut dire d'une manière générale qu'une petite pincée de terre, prise à la surface du sol et semée dans de la gélatine, contiendra sûrement une masse considérable de Champignons et de Bactéries. Mais, dès qu'on dépasse une certaine profondeur, la proportion des germes diminue très rapidement; c'est ce qui ressort de quelques expériences de M. Koch faites en hiver (1).

Une question qui présente un intérêt considérable, est celle de l'existence des germes dans les organismes vivants, pris dans l'état de santé. Tout ce que nous avons dit montre surabondamment qu'ils doivent exister en quantités considérables à la surface extérieure de l'organisme. L'expérience le vérifie aisément. Les plantes supérieures leur donnent probablement accès par les ouvertures qui se trouvent sur leur épiderme, par les stomates en particulier. Ils peuvent ainsi pénétrer jusqu'au tissu cellulaire interne. Cependant ces derniers faits, entre autres, ne sont pas assez certains pour ne plus donner lieu à des recherches précises. Les animaux, surtout les animaux à sang froid, les laissent pénétrer, même quand ils sont bien portants, par les voies digestives et les voies respiratoires. Ce sont là des chemins toujours ouverts pour les germes contenus dans l'air et dans les aliments. Aussi la bouche et le canal digestif tout entier sont-ils, chez l'homme et les animaux supérieurs, un lieu d'élection préféré par les Bactéries. Les glandes en rapport avec le tube digestif peuvent en contenir quelquefois. Leur présence dans le sang, chez les animaux à sang chaud

(1) Koch. — *Mitheil. aus d. Kais. Gesundheitsamt.* I. p. 32. Hesse. — *Ibid.* II, 182.

qui ne sont pas malades, est fort contestée. MM. Hansen, Billroth et d'autres admettent que le sang d'un animal sain en renferme. Mais des expériences très précises de M. Pasteur, puis de MM. Meissner (1), Koch, Zahn, etc., ont fourni des résultats contraires.

Des erreurs d'expérience ont pu fausser l'opinion des premiers savants que nous avons cités. Mais cette hypothèse est inutile et une expérience de M. Klebs (2) montre d'une manière indiscutable comment et pourquoi les deux résultats contradictoires peuvent se présenter. M. Klebs a expérimenté sur le sang d'un chien : une première expérience lui donna des résultats négatifs. Un autre chien donna des résultats en sens contraire. Mais ce dernier avait déjà servi à des expériences antérieures. On lui avait inoculé des Bactéries : après avoir été malade pendant quelque temps, il s'était complètement rétabli. Il est à peine besoin de dire que, dans ce cas, il avait conservé, dans le sang, des germes qui n'avaient plus d'effet sur lui, mais qui pouvaient se développer dans d'autres conditions. Il faut conclure

(1) L. Pasteur. — *Examen de la doctrine des générations spontanées. Ann. de chimie*, 3e série, t. 64. — *Annales des Sc. nat. Zoologie*, 4e série, t. 16.

Meissner. —Voir l'analyse de ses principaux travaux dans Rosenbach : *Deutsche Zeitsch, f. Chirurgie*, t. 13 p. 344, sq.

(2) E. Klebs. — *Beitr. z. Kenntniss der Mikrok.* Archiv. für Exp. Pathologie. t. 1. 1873.

de tout ceci, que le sang ne contient normalement aucune Bactérie et, lorsqu'on les y trouve, c'est qu'elles ont été introduites par suite d'une blessure ou par tout autre accident.

Ce qui précède montre combien les Bactéries sont répandues en nombre considérable. On n'a pas pu jusqu'ici établir dans quelles proportions chacune des espèces se propage. Mais nous avons vu aussi qu'il serait fort exagéré de dire que ces petits êtres se trouvent partout, en tous les points sans exception. Des expériences anciennes et fort célèbres de M. Pasteur avaient déjà montré combien leur répartition pouvait se faire inégalement. Contentons-nous de donner, à ce propos, un seul exemple.

Prenons un ballon à col étroit, pouvant mesurer 1 à 200 centimètres cubes et contenant une petite quantité de liquide bien pur, favorable au développement des petits organismes. On y fait le vide et on ferme le col à la lampe. Ouvrons le ballon au bout de quelque temps, en brisant la pointe du col d'un coup de lime; l'air y rentrera brusquement. Fermons de nouveau à la lampe. Le ballon, hermétiquement clos, renferme alors une quantité limitée d'air. Les germes qu'il peut contenir et que l'air a amenés, peuvent dès lors se développer librement dans le liquide de culture : ce liquide restera stérile, si aucun germe n'a été introduit. Sur dix de ces ballons, ouverts, de la manière que nous l'avons indiqué, dans la cour de l'Observatoire de Paris, aucun ne resta stérile. Sur dix autres, ouverts dans les caves de l'Observatoire, il en resta neuf sans altération et dix-neuf sur vingt au Montanvert, près de Chamounix.

Les considérations que nous venons de présenter sur l'origine des Bactéries et, en particulier, le principe fondamental de leur production par des germes provenant d'individus de même espèce qu'eux, principe qui n'admet aucune exception, n'ont pas été acquis à la science sans efforts et sans combats. De nos jours encore, on pourrait trouver des adversaires qui ne veulent pas se rendre à l'évidence. Bornons-nous à donner très brièvement leur principal argument. Les Bactéries, disent-ils en résumé, peuvent naître spontanément, dans une partie quelconque d'un autre organisme, que cet organisme soit vivant ou qu'il soit mort. Elles se multiplient ensuite, et forment des germes, chacune pour son propre compte. — Cette dernière proposition sera admise naturellement, par tout le monde, sans contestation.

On reconnaît là un dernier reste de ce qu'on appelait autrefois la théorie des générations spontanées. On voit souvent apparaître brusquement des plantes et des animaux en des points où on ne les avait jamais vus auparavant. Une observation superficielle fait conclure aussitôt à leur génération par des corps quelconques, pourvu que ces corps se soient trouvés aux points où les nouveaux organismes ont apparu. On se gardait bien d'attribuer leur présence à des germes préexistants provenant d'êtres semblables à eux.

Les préjugés de l'antiquité rendent concevables de telles erreurs. On a souvent rapporté le récit de Virgile (1) et son essaim d'abeilles sorti des entrailles d'un taureau en putréfaction. Ce récit a longtemps servi d'argument à des observations mal faites et à des raisonnements erronés. A mesure que la science se perfectionna, on dut se convaincre peu à peu que, dans tous les cas, les êtres provenaient de parents semblables à eux : ce qui avait échappé à l'observation, c'était la manière dont les germes étaient parvenus aux points où la prétendue génération spontanée se produisait. La théorie ancienne fut obligée de reculer pas à pas en étant, chaque fois, convaincue d'absurdité. Ce furent d'abord des êtres gros et très visibles, comme les mouches, qui ne naquirent plus spontanément dans un cadavre, mais qui durent leur origine à des œufs déposés par l'insecte adulte. Les partisans des générations spontanées se rabattirent sur des objets plus petits, sur les moisissures, sur les animaux inférieurs : on les chassa successivement de toutes leurs positions. L'emploi du microscope, de méthodes expérimentales plus parfaites rendirent le combat

(1) Virgile. — *Georgiques*, IV, 281 et sq.

plus facile. En réalité, les partisans de la théorie des générations spontanées, depuis un demi-siècle, repoussés de toutes parts, ne peuvent plus que se rejeter sur les êtres les plus petits, ceux qui n'ont pu être étudiés sérieusement. De fait, leur théorie n'est pas abandonnée et ne l'a jamais été : il y a deux motifs pour expliquer sa vitalité. Le premier est qu'une opinion, quelle qu'elle soit, ne tombera jamais complètement, dès qu'elle a été exprimée ou mieux imprimée une fois; le second motif est un peu plus sérieux. On doit admettre, qu'à un certain moment, les organismes ont dû se produire sans germes, sans avoir de parents. La possibilité que ce phénomène se reproduise un jour, peut être soutenue sans déraison. En tout cas, on comprend qu'un esprit puisse être séduit par l'intérêt réel qu'on aurait, dans ce cas, à chercher quand et comment ce phénomène se reproduira.

Les Bactéries, on le sait, appartiennent aux organismes les plus petits, à ceux qui sont le moins étudiés et le moins connus. Cependant, la question de la génération spontanée a été résolue pour elles dans le même sens que pour les autres êtres, par les belles recherches de M. Pasteur. C'est pour répondre à une question posée par l'Académie des sciences de Paris, que M. Pasteur entreprit, il y a vingt-cinq ans, d'examiner ce que devenait cette théorie, quand on l'appliquait à ces organismes si petits et si difficiles à étudier. Toutes les recherches sérieuse faites depuis ont confirmé complètement ces premiers travaux de M. Pasteur. Cependant plus d'un savant s'en est tenu longtemps à la théorie ancienne et, pour la défendre, a cherché sans cesse de nouveaux arguments. Il y a vingt ans, M. Béchamp émit sa théorie très curieuse des Microzymas (1).

M. Béchamp donne le nom de *Microzymas* à certaines formes organiques, assez semblables aux granulations que l'on rencontre dans le protoplasma des animaux et des végétaux; étant renfermés dans des cellules et en faisant partie, ils y prennent, sans aucun doute, naissance. Ce sont eux qui, devenus libres par la mort de la cellule ou pour tout autre motif, peuvent continuer à se développer et, quand on leur fournit un liquide nutritif convenable, sont susceptibles de se transformer en Bactéries ou en tout autre Champignon microscopique.

Non seulement les Microzymas peuvent survivre à la cellule qui leur a donné naissance, mais leur existence peut remonter, d'autre part, jusqu'aux périodes géologiques anciennes.

Si l'on se donne la peine d'examiner les considérations que M. Béchamp présente dans un livre de

(1) A Béchamp. — *Les microzymas dans leurs rapports avec l'hétérogénie, l'histogénie, la physiologie et la pathologie.* Paris. 1882.—Ce livre est un exposé des idées de l'auteur que l'on trouve disseminées dans les Comptes Rendus de l'Académie des Sciences de Paris.

près de mille pages, on ne peut y trouver ni une discussion sérieuse, ni une trace d'études faites suivant le principe de la continuité dans l'évolution. C'est ce dernier point qui doit cependant entrer le premier en ligne de compte. Aussi n'essaierons-nous pas plus longtemps, devant des conclusions aussi peu fondées, de prolonger une discussion impossible.

Dans ces derniers temps, M. A. Wigand (1) a exposé, dans une première communication, des théories analogues à celles de M. Béchamp. Des particules prises dans des organismes vivants ou morts, et ne présentant pas le caractère des Bactéries, peuvent, dans certaines conditions, se séparer les unes des autres et se transformer en Bactéries. La suite des observations qui ont donné lieu à cette conclusion, n'est pas présentée avec assez de précision pour qu'on puisse formuler une critique sérieuse. Il y a cependant une observation, qui demanderait à être reprise avec soin et qui exigerait une confirmation nouvelle avant d'être adoptée.

M. Wigand affirme, pour dissiper « tous les doutes « sur la formation spontanée des Bactéries dans le « protoplasma des cellules » que les cellules vivantes et saines des feuilles du *Trianea bogotensis* et les poils des Labiées renferment des Bactéries mobiles.

(1) A. Wigand. — *Entsteh. und Fermentwirkung der Bacterien.* Marburg, 1884.

Avant de vérifier par moi-même cette remarquable assertion de M. Wigand, j'avais déjà été frappé, d'autre part, de ce très curieux phénomène. Le *Trianea* est une plante d'eau douce de l'Amérique du Sud, qui ressemble à nos Hydrocharis. Quand on porte sous le microscope du tissu frais, pris à une feuille vivante, on voit, en effet, un grand nombre de cellules contenant des Bactéries superbes, les plus belles qu'il soit possible de voir. Ce sont des bâtonnets étroits, isolés ou réunis en petit nombre à la suite les uns des autres et suivant fidèlement les mouvements du protoplasma et de tout ce que peut contenir la cellule. Je le répète, c'est un spectacle admirable et un modèle du genre. Malheureusement, une seule goutte d'acide dilué détruit l'illusion. Les bâtonnets du Trianea, à l'encontre des véritables Bactéries, se dissolvent et disparaissent. Ces Bactéries ne sont pas autre chose que de petits cristaux d'oxalate de chaux qui prennent souvent cette forme de bâtonnets, dans les cellules végétales. Il en est de même des prétendues Bactéries, tout aussi superbes, que l'on rencontre dans les jeunes poils des feuilles du *Galeobdolon luteum*, du *Salvia glutinosa* et, sans aucun doute, chez les autres Labiées.

Cet exemple est très instructif : il nous montre comment les meilleurs observateurs peuvent, par suite d'une idée préconçue, se laisser entraîner à commettre les plus grossières erreurs. C'est ce qui m'a poussé à le citer : je ne me laisserai plus désormais arrêter à exposer de pareilles opinions. Dans tous les cas, des observations telles que celles-ci, ne sont pas près d'ébranler le principe que nous avons posé, à savoir que, dans l'état actuel de la science, les plus petits organismes descendent de germes issus de parents de même espèce qu'eux. C'est sur ce principe que nous nous appuierons, sans restriction, sans nous inquiéter des hypothèses faites à plaisir et des désirs vagues que certains esprits se plaisent à former.

VIe LEÇON

MODE DE VÉGÉTATION. — CONDITIONS EXTÉRIEURES DE TEMPÉRATURE ET DE NUTRITION. — APPLICATION A LA CULTURE DES BACTÉRIES. — DÉSINFECTION ET ANTISEPTIQUES.

Avant de passer à l'étude des modes de végétation des Bactéries, il faut nous reporter à ce que nous avons appris de leur structure et de leur développement. Nous avons vu que, sous ce rapport, les Bactéries ne diffèrent nullement de ce que nous savons sur la structure générale des organismes inférieurs. Nous devrons trouver le même accord pour ce qui regarde les principaux phénomènes de leur vie végétative.

En réalité, nous avons ici à considérer, dans des cas particuliers et spéciaux, des faits qui se retrouvent dans la généralité des organismes vivants. Or il n'y a pas plus de différence entre ces derniers, pris dans leur ensemble, qu'il n'y en a entre les diverses Bactéries.

En particulier, les Bactéries sans chlorophylle présentent des phénomènes analogues à ceux que l'on rencontre chez toutes les plantes sans chlorophylle, que l'on considère des plantes élevées ou des Champignons inférieurs. L'étude de ces derniers, relativement plus facile, a contribué beaucoup à éclairer nos connaissances sur les Bactéries. Il est à peine besoin d'ajouter que l'étude des phénomènes principaux de végétation et des conditions d'existence, chez ces dernières plantes, nous fournira des différences de même ordre que celles que l'on trouve dans l'étude des groupes voisins.

Nous n'avons pas l'intention de présenter ici une exposition complète de tous les modes de végétation ni de les étudier avec un certain détail. Il nous suffira, pour l'étude générale que nous faisons, d'en donner les caractères les plus remarquables. Pour cela, nous nous occuperons, en particulier, des conditions de température et de nutrition.

La végétation est dans un rapport immédiat avec la température extérieure. Elle se trouve n'être possible qu'entre certaines limites extrêmes de chaleur et il existe une température moyenne déterminée, où elle atteint sa plus grande énergie. On distingue d'après cela dans la température : un minimum, un maximum et un optimum.

Quand on dépasse l'une des deux limites extrêmes, la végétation est, par cela même, arrêtée; d'autres phénomènes peuvent alors se produire. Si l'on atteint une température suffisamment basse ou suffisamment élevée pour dépasser, plus ou moins, les points extrêmes où la végétation passe par un maximum ou par un minimum, la vie est suspendue et l'on peut arriver, en d'autres termes, à tuer l'organisme.

L'expérience commune de chaque jour fait comprendre que ces diverses conditions varient, d'une manière très notable, suivant l'espèce considérée, suivant la période de son évolution et la composition du milieu extérieur où elle est appelée à se développer.

On s'est surtout attaché, pour les Bactéries, à préciser les limites de température entre lesquelles leur croissance et leur multiplication peuvent se produire. On admet, pour les autres périodes de leur existence, des limites qui varient dans des proportions analogues.

Les espèces non parasites, placées dans des conditions de nutrition favorables, peuvent se développer entre des limites assez étendues et leur optimum de de température est quelquefois assez élevé. C'est ainsi que le *Bacillus subtilis*, d'après M. Brefeld, croît entre 6° et 50° centigrades : son optimum est situé vers 30° (1).

(1) O. Brefeld. — *Botan. Untersuchungen über Schimmelpilze*, IV.

Le *Bacterium termo* de Cohn se développe entre 5° et 40°. Son optimum est entre 30° et 35° d'après M. Eidam (1).

Le *Bacillus amylobacter*, cultivé dans de la glycérine, atteint, suivant M. Fitz (2), son optimum vers 40° et son maximum vers 45°.

Le *Bacillus anthracis*, cultivé dans de la gélatine ou sur des pommes de terre, présente un minimum vers 15°, un maximum vers 43° et son optimum entre 20° et 25°. Quand on le cultive dans le sang d'un animal, dans le sang d'un rongeur, par exemple, et qu'il est par conséquent parasite, il se développe à 40° avec autant d'énergie que dans une culture à la température optimum de 25°.

Les espèces que l'on cultive, en parasites, dans le sang des animaux à sang chaud, ont un minimum et optimum de température placés plus haut que lorsqu'elles se trouvent dans les cultures ordinaires. Ce fait a été démontré par M. Koch (3) pour le Bacille de la tuberculose dont les températures extrêmes sont 28° et 42° et dont l'optimum est entre 37° et 38°.

La température la plus favorable à la formation des spores, chez les Bactéries endosporées, est, en général, assez voisine de l'optimum de simple végéta-

(1) E. Eidam. — *M. Cohn's Beitr. z. Biol. d. Pflanzen.* Tome I, 3, p. 208.

(2) A. Fitz. — *Berichte d. Deutschen Chem. Gesellschaft.* 9 Mémoires de 1876 à 1884.

(3) R. Koch. — *Die Aetiologie der Tuberculose.* Mittheil. des Reichsgesundheitsamts, II.

tion. Celle qui est nécessaire à la germination des spores endogènes, — nous voulons parler du moins de l'optimum de température, — est notablement plus élevée; de 30° à 40° chez le *Bacillus subtilis*, par exemple : dans cette dernière espèce, la germination peut aussi se faire à une température plus basse, à 20° environ.

D'après des expériences connues, le *Bacillus anthracis*, placé à 20°, n'est pas encore susceptible de germer; le minimum est atteint à 35° ou 37° seulement; l'optimum n'est sans doute pas très éloigné de cette limite, mais on ne l'a pas déterminé. Enfin d'autres espèces, telles que le *Bacillus megaterium*, croissent et germent très bien à 20°.

Un abaissement de température qui se trouve au-dessous de la limite du minimum est supporté par un assez grand nombre de Bactéries, sans qu'il se produise de perturbations considérables dans leur végétation; on s'est fondé sur quelques expériences peu précises, pour parler de la possibilité d'un abaissement illimité dans la température.

M. Frisch (1) prétend que le développement extérieur de certaines formes qu'il a étudiées, même celui des cellules végétatives, n'est pas compromis, après congélation, dans un liquide, à — 110° cent., pourvu que l'on revienne ensuite à la température

(1) Frisch. — *Sitzungsberichte der Wiener Akademie*. Mai 1877.

ordinaire. L'une des formes qu'il cite à ce propos est le *Bacillus anthracis*. Les autres espèces n'ont pas été distinguées par lui plus explicitement. Il n'y a pas de doute qu'il ne faille placer plus haut, pour d'autres espèces, la température inférieure nécessaire pour amener la mort, et que celle-ci ne se produise beaucoup plus tôt que chez le Bacille du charbon.

La température extrême, au-dessus de zéro, que les cellules végétatives peuvent supporter sans être tuées, est, en général, la même que celle des autres cellules végétales ordinaires, c'est-à-dire qu'elle est située entre 50° et 60°. C'est aussi la température à laquelle peuvent être soumises les spores, chez les formes arthrosporées : les expériences précises manquent d'ailleurs à ce sujet. Mais nous citerons surtout quelques exemples qui font exception à cette règle générale.

Des températures extrêmement élevées peuvent, au contraire, être supportées par les spores endogènes. La plupart d'entre elles sont encore susceptibles de germer, quand elles ont été plongées dans des liquides à 100° : quelques-unes même supportent des chaleurs de 105°, 110° et même 130°.

Ce sont là des règles générales qui restent vraies, malgré quelques modifications et quelques exceptions accidentelles. Ces exceptions se rencontrent chez certaines espèces et chez quelques individus isolés; on peut les constater en ne faisant pas varier les autres conditions. On peut aussi les trouver, dans une même espèce, sous l'influence des conditions extérieures, parmi lesquelles il faut citer la durée de l'ébullition, la sécheresse ou l'humidité plus ou moins considérable, et, en dernier lieu, la composition du liquide nutritif dans lequel se développe l'espèce considérée.

Il y a des espèces qui se développent bien, par une température dépassant, même de beaucoup, 50°. MM. Cohn et Miquel en donnent des exemples. Le plus remarquable est celui de M. Van Tieghem (1) qui a décrit un Bacille pouvant, dans un liquide neutre, croître et former des spores à 74°. Sa végétation ne s'arrête qu'à 77°.

Des exemples, très instructifs à tous les points de vue, sont fournis, dit M. Duclaux (2), par les Bacilles qu'il a trouvés dans le fromage et auxquels il a donné le nom de *Tyrothrix*.

Les cellules végétales du *Tyrothrix tenuis*, cultivées dans un liquide neutre, ne sont tuées qu'entre 90° et 95°. Lorsque le liquide est légèrement alcalin, elles peuvent dépasser 100°. Les spores restent vivantes

(1) P. Van Tieghem. — *Bulletin de la Soc. Botan. de France*, tome 28 (1881), p. 35.

(2) E. Duclaux. — *Étude sur le lait*. Ann. de l'Institut national agronomique, n° 5. Paris, 1882, p. 22-138.

Id. — *Chimie biologique*. Encyclopédie chimique, publiée sous la direction de M. Frémy. Tome 9, Paris, 1883.

dans un liquide faiblement alcalin, après ébullition à 115°. L'optimum de cette espèce est compris entre 25° et 35°.

Le *Tyrothrix filiformis*, à l'état végétatif, supporte, dans le lait, une chaleur de 100°; dans un liquide acide, cette température le tue au bout d'une minute. Les spores de cette espèce supportent une température de 120°, dans le lait; dans la gélatine, elles sont tuées au-dessous de 110°. D'autres espèces, d'après M. Duclaux, présentent aussi les mêmes particularités.

Les cellules végétatives du *Bacillus anthracis*, d'après M. Buchner (1), chauffées, pendant une heure et demie, de 75° à 80°, dans des liquides neutres ou faiblement acides, conservent encore leurs propriétés végétatives.

M. Brefeld (2) a pu faire développer des spores du *Bacillus subtilis*, après les avoir soumises, pendant un quart d'heure, à une chaleur de 100°. Leur germination pouvait se produire encore très bien au bout d'une demi-heure, beaucoup moins après trois quarts d'heure et elle ne cessait complètement qu'après trois heures d'ébullition; à 105°, les spores étaient tuées en quinze minutes, en dix à 107° et en cinq minutes à 110°.

(1) Voir Nægeli. — *Unters. über niedere Pilze aus dem Pflanzenphysiol. Institut zu München.* Munich, 1882.

(2) O. Brefeld. — *Botan. Untersuchungen über Schimmelpilze*, IV.

M. Fitz (1) a montré que les spores de son *Bacillus butylicus*, du *Bacillus amylobacter* pouvaient supporter une température de 100° pendant trois à vingt minutes, suivant les liquides où elles étaient placées; une ébullition plus longue suffit pour les tuer à 100°, tandis qu'il faut de sept à onze heures à 80° avec de la glycérine.

Une température sèche, encore plus élevée, peut être supportée, au moins par les spores. Celles du *Bacillus anthracis*, du *Bacillus subtilis* et d'autres subsistent, d'après les expériences de M. Koch (2), après avoir subi une chaleur de 123°.

Parmi les conditions de composition du milieu extérieur, il faut mettre en première ligne de compte la présence de l'eau, indispensable à la vie de toutes les cellules, quelles qu'elles soient. La dessiccation poussée jusqu'au point où l'air environnant ne contient plus trace d'eau, la dessiccation extrême, arrête non seulement la végétation, mais tue les cellules végétatives au bout de peu de temps, au moins dans le plus grand nombre des cas. Le *Bacterium termo*, Cohn et le *Bacterium Zopfii*, par exemple, sont tués en sept jours. Il y a cependant des différences assez notables suivant les espèces. C'est ainsi que le *Micrococcus prodigiosus*, desséché, reste vivant et capable de germer, pendant des mois entiers.

(1) A. Fitz. — *Berichte der Deutschen Chem. Gesellschaft*. 1876-84.
(2) Koch. — *Mittheilungen aus dem Kaiserl. Gesundheitsamt*, I, p. 305.

La résistance des spores à la dessiccation est plus grande que celle des cellules végétales. Les spores du *Bacterium Zopfii* la supportent de dix-sept à vingt-six jours, les Bacilles à endospores environ un an, le *Bacillus subtilis* au moins trois ans, d'après M. Brefeld. Enfin, il peut exister d'autres causes intérieures ou extérieures pour modifier encore davantage la résistance des spores. On a soutenu que cette résistance pouvait aller jusqu'à supporter la dessiccation pendant des siècles ; c'est une opinion qu'il est assez difficile d'accueillir sans réserve.

La présence de l'oxygène est inégalement nécessaire, suivant les différents cas. D'après la terminologie adoptée par M. Pasteur, on distingue, comme types extrêmes, les formes *aérobies* et les formes *anaérobies*. Les premières ont besoin, pour végéter et s'accroître, outre une nourriture suffisante, d'une quantité d'air très notable, autrement dit, elles ont besoin d'oxygène. Tels sont le *Micrococcus aceti*, le *Bacillus subtilis*, le *Bacillus anthracis*, etc.

Les formes anaérobies peuvent très bien prospérer sans oxygène. La présence de l'air diminue considérablement leur végétation ou même l'arrête complètement. Tel est le cas du *Bacillus amylobacter*.

Entre ces deux extrêmes viennent se placer de nombreuses formes intermédiaires. Nous aurons bientôt à citer un exemple remarquable dû à M. Engelmann. Les recherches de M. Nencki, de M. Nægeli et d'autres, ont montré que les Bactéries qui produisent des fermentations, comme la levure alcoolique, peuvent très bien vivre sans oxygène, pourvu qu'elles se trouvent dans un milieu nutritif très riche. Dès qu'il y a diminution dans la quantité de l'aliment solide, elles ne peuvent se développer qu'en présence de l'oxygène.

Même chez les espèces aérobies, l'oxygène peut arrêter la végétation et va jusqu'à tuer la Bactérie : il suffit pour cela qu'il soit à haute pression. Une pression de 15 atmosphères laisse le *Bacillus anthracis* vivant au bout de quinze jours: elle le tue après quelques mois.

M. Duclaux prétend que, chez les formes aérobies, les germes qui, pour une cause quelconque, ne se sont pas développés, perdent plus vite leur vitalité, sous l'action directe de l'oxygène de l'atmosphère, que lorsqu'on les a placés dans un espace clos, où l'oxygène n'est pas changé. Les faits sur lesquels cette opinion s'appuie, méritent d'attirer l'attention. Plusieurs ballons qui avaient servi aux premiers travaux de M. Pasteur, vers 1860, avaient été conservés avec les Bactéries qu'ils renfermaient et dont la présence était accusée par ce fait qu'elles troublaient la limpidité du liquide. Au bout de vingt et un ou vingt-deux ans après, les germes de ces Bactéries purent encore se développer. D'autres ballons, conservés pendant le même temps, et protégés, contre la poussière, par d'épaisses bourres de coton qui les fermaient, sans empêcher l'arrivée de l'air, ne présentèrent plus trace de germes vivants. D'autres enfin, qui dataient seulement de dix ans et qui étaient fermés par du coton, avaient encore des germes que l'on pût faire développer.

L'interprétation donnée par M. Duclaux peut être exacte, mais il faut remarquer que, dans ces différents cas, ce n'est pas seulement l'oxygène qui a pu varier et que d'autres modifications ont pu se produire. Avant tout, dans des problèmes de ce genre, il faut tâcher de ne pas avoir à considérer un grand nombre de Bactéries, mais n'expérimenter, autant que possible, qu'avec une seule espèce connue.

L'oxygène sert à la respiration de la plante : en même temps, il y a élimination d'une égale quantité d'acide carbonique.

L'eau, en faisant abstraction de quelques cas exceptionnels, sert, en grande partie, de véhicule pour les matières assimilées et chimiquement élaborées.

Ces deux corps, l'oxygène et l'eau, ne peuvent donc pas être considérés, à proprement parler, comme des matériaux de nutrition, c'est-à-dire des éléments servant à former des combinaisons carbonées et entrant, d'après cela, dans la constitution et la formation de la cellule.

Ces éléments nutritifs sont fournis, chez les quelques Bactéries vertes que l'on connaît, par de la chlorophylle. Lorsque cette matière existe réellement, elle joue alors le même rôle que dans toutes les plantes vertes. Elle produit l'assimilation du carbone, avec dégagement d'oxygène.

M. Engelmann (1) a montré qu'il y avait un léger dégagement de gaz oxygène dans le *Bacterium chlorinum* qu'il a étudié.

Par analogie avec les plantes chlorophylliennes, il faut, dans ce cas, faire intervenir l'eau comme aliment nutritif.

Il en est autrement des Bactéries sans chlorophylle qui, en somme, forment la majorité la plus considérable et presque exclusive parmi les êtres que nous étudions. Ce sont elles d'ailleurs qui offrent le plus d'intérêt. Ces Bactéries, à l'instar de tous les organismes qui n'ont pas de chlorophylle, sont obligées d'emprunter, en dehors d'elles, les éléments carbonés dont elles ont besoin. Elles ne peuvent assimiler directement l'acide carbonique. Les produits azotés doivent aussi leur être fournis tout formés, soit dans une combinaison organique, soit dans des éléments inorganiques, par exemple, à l'état d'azotates ou de sels d'ammoniaque. Nous aurons alors, comme dans les autres végétaux, des produits d'incinération en quantité déterminée qui, dans ce

(1) W. Engelmann. — *Bot. Zeitg.* 1882, p. 321.

cas particulier, se trouvent être en quantité très faible, sous tous les rapports.

Nous ne pouvons nous étendre davantage sur les détails plus précis de la nutrition des Bactéries : nous ne pouvons que renvoyer aux travaux originaux que l'on trouvera indiqués en particulier dans l'ouvrage de M. Nægeli (1). D'après les recherches mêmes de ce savant, on peut arriver à nourrir des moisissures, des levures aussi bien que des Bactéries, dans des solutions contenant des éléments azotés et non azotés, en proportions connues. On a pu classer, ainsi qu'il suit, les éléments entrant dans les différentes solutions, par ordre décroissant, d'après leurs propriétés nutritives.

1. Albumine (peptone) et sucre.
2. Leucine et sucre.
3. Tartrate d'ammoniaque et sucre.
4. Albumine (peptone).
5. Leucine.
6. Tartrate d'ammoniaque
   ou succinate d'ammoniaque
   ou asparagine.
7. Lactate d'ammoniaque.

Cette liste ne convient pas et ne s'applique pas à

(1) Nægeli. — *Ernährung der niederen Pilze*. Sitzungsberichte d. München. Acad. Juli, 1879.
Id. — *Unters über nied. Pilze* aus dem. Pflanzenphysiol. Institut zu München. Munich 1882.

toute espèce de Bactéries : elle n'indique nullement, pour chacune d'elles, en particulier, l'ordre des éléments nutritifs les plus favorables. Il en est de même pour les différentes moisissures, bien que ce soit le *Penicillium glaucum* qui ait servi de type à ces travaux (1).

(1) L'étude des conditions de nutrition des plantes inférieures a été faite, en France, d'une manière très précise, et il convient de citer, à ce sujet, les remarquables travaux de M. Raulin (*a*).

La question, prise au point de vue général, est la suivante : étant donnée une espèce d'organisme vivant, étudier les modifications qu'elle subit sous l'influence des variations apportées dans la composition du milieu où elle vit. Le problème sera d'autant plus facile à aborder que l'on s'adressera à des êtres plus simples, comme le sont les Champignons microscopiques et les Bactéries. Cette étude toutefois a été impossible, tant qu'on n'a eu à sa disposition que des milieux organiques complexes dont la composition était mal connue.

M. Pasteur, le premier, aborda pratiquement cette étude en créant un milieu artificiel où il put faire vivre et se développer de la levure ordinaire.

On constata cependant que le milieu artificiel, ainsi créé, composé de sucre, de sels d'ammoniaque et de cendres de levure, était inférieur au milieu organique naturel, en ce sens que la levure y poussait moins bien que dans celui-ci. Il fallait, pour résoudre complètement le problème, former un milieu artificiel, non seulement favorable à la vie de l'espèce étudiée, mais encore tel que, dans un temps donné, avec un même poids de substances nutritives, le poids du végétal obtenu atteignît un maximum ; de plus, ce maximum devait rester constant, pour assurer la comparaison des mesures et, s'il était possible, être supérieur à celui que l'on obtenait dans les milieux organiques.

Une longue série de recherches, faites au laboratoire de M. Pasteur, conduisit M. Raulin à vaincre toutes ces difficultés, en ce qui concerne les conditions de nutrition de l'*Aspergillus niger*, espèce de champignon qu'il étudia particulièrement.

Le milieu nutritif le plus favorable à la vie de l'aspergillus est un liquide, désigné communément sous le nom de *liquide Raulin*. En voici la composition :

Eau.	1,500 gr.
Sucre candi	70

(*a*) J. Raulin. *Etudes chimiques sur la végétation. Recherches sur le développement d'une mucédinée dans un milieu artificiel.* Thèse de doctorat. *Annales des sc. naturelles*, 1870.

Les éléments les plus favorables à la nutrition des diverses espèces de Bactéries, prises isolément, sont loin d'être connus et il est besoin, pour les déterminer, de recherches nombreuses. Ce que nous verrons, à ce sujet, dans les différents types de Bactéries que nous aurons l'occasion d'étudier de plus près.

Acide tartrique	4
Nitrate d'ammoniaque	4
Posphate d'ammoniaque	0,60
Carbonate de potasse	0,60
Carbonate de magnésie	0,40
Sulfate d'ammoniaque	0,25
Sulfate de zinc	0,07
Sulfate de fer	0,07
Silicate de potasse	0,07

La plante est cultivée, en présence de l'air humide, dans des cuvettes de porcelaine plates, où le liquide a une hauteur de 20 à 30 millimètres. Il faut, de plus, une température de 35° à 37°. On sème dans le liquide, ainsi disposé, une spore d'*Aspergillus*. La végétation est achevée au bout de trois jours environ. On enlève cette première récolte, on sème la plante une seconde fois et les deux récoltes ainsi obtenues, pesées à l'état sec, représentent environ 25 grammes, ce qui ferait, pour une plante ordinaire, plus de 10000 kilogrammes par hectare, en six jours.

On étudie l'influence des divers éléments sur la plante, en cultivant l'*Aspergillus* dans des liquides privés successivement des substances dont on veut déterminer l'action.

Le liquide privé de potasse, par exemple, fait descendre la récolte de 25 grammes à 1 gramme seulement, c'est-à-dire la fait tomber à $\frac{1}{25}$ de ce qu'elle était. La suppression de l'ammoniaque la fait tomber au $\frac{1}{150}$ environ, etc. En représentant par 25 l'action de la potasse, on aura successivement pour l'action des divers éléments :

Ammoniaque	153
Acide phosphorique	182
Magnésie	91
Potasse	25
Acide sulfurique	25
Oxyde de zinc	10
Oxyde de fer	2,7
Silice	1,4

L'un des faits les plus curieux est relatif à l'action du zinc dont la suppression fait baisser la récolte de 25 gr. à 2 gr. 5. La quantité

ne pourra que nous montrer, une fois de plus, la variété infinie dans le choix de ces éléments, en même temps que la difficulté très grande qui s'attache à ce genre d'études.

Il n'y pas que le choix de la nourriture qui influe sur la nutrition des Bactéries : d'autres propriétés chimiques du substratum peuvent aussi avoir leur influence. On sait depuis longtemps que, contrairement à ce qui se passe chez les levures et les moisissures, le plus grand nombre des Bactéries prospère très bien dans un milieu neutre, faiblement alcalin ou du moins excessivement peu acide, les autres

d'oxyde de zinc qui augmente, par conséquent, cette récolte de 2 gr. 5 à 25 gr., c'est-à-dire qui la fait monter de 22 gr. 5 est, nous l'avons vu, de 4 centigrammes, qui renferment, en réalité, 32 milligrammes seulement de zinc. Il s'ensuit que cette minime quantité d'un métal comme le zinc qui semble, au premier abord, n'avoir aucune influence sur la vie d'une plante, est au contraire capable de produire un poids de végétal sept cents fois supérieur au sien.

L'action du fer est à peu près analogue. Mais d'après des expériences de M. Raulin, son rôle physiologique est différent. Il semble n'agir que comme contre-poison d'une substance soluble, sécrétée par l'*Aspergillus* et contraire à son développement ultérieur.

A côté de ces substances favorables, il en est de nuisibles. En ajoutant au liquide $\frac{1}{1600000}$, un *seize-cent millième* de nitrate d'argent, la plante est tuée brusquement. Elle est sensible au même degré, en présence de $\frac{1}{500000}$ de sublimé corrosif. Son développement est même arrêté dans des vases d'argent, bien qu'il ne soit pas possible à l'analyse chimique de déceler, dans le liquide, la présence de traces d'argent.

Quant à l'acide tartrique, il a pour rôle de maintenir l'acidité du liquide, qui, sans cela, serait promptement envahi par un grand nombre de Bactéries de toutes sortes. Lorsque le sucre a complètement disparu, et dans ce cas seulement, l'acide tartrique est brûlé à son tour, comme le sont les éléments hydrocarbonés en général (*a*).

(*a*) Pour compléter ces notions, et en particulier pour ce qui concerne la combustion de l'acide tartrique. Voir la *Chimie biologique* de M. Duclaux, p. 200 sq.

conditions restant les mêmes. La présence d'un acide, dans des proportions à peine plus fortes, suffit pour arrêter ou ralentir toute végétation ultérieure.

D'après M. Brefeld (1) le développement du *Bacillus subtilis* est arrêté par la présence de 0,05 p. 100 d'acide sulfurique ou d'acide azotique et par 0,2 p. 100 d'acide lactique ou d'acide butyrique.

Mais cette régle générale souffre aussi quelques exceptions. Le Bacterium du Kefir pousse très bien dans du lait rendu fortement acide par de l'acide lactique et même par de l'acide acétique.

Le Micrococus qui produit le vinaigre pousse également dans un liquide acidulé.

Il existe d'autres substances que les acides pour produire l'arrêt et même la cessation complète de la végétation, quand elles se trouvent mélangées au liquide nutritif. Nous citerons, parmi ces véritables poisons des cellules vivantes : le sublimé corrosif, l'iode, etc. Il faut naturellement que ces corps existent dans des proportions relativement considérables, pour exercer une action.

Il existe d'autres corps dont l'action est plus ou moins énergique, suivant les cas.

M. Fitz fit cesser la végétation du Bacille qu'il appelle « Bacille de l'alcool butylique » en ajoutant les substances suivantes à la solution de glycérine

(1) O. Brefeld. — *Botan. Unters. über Schimmelpilze*, IV.

où ce Bacille avait été mis, dans d'excellentes conditions nutritives :

Alcool éthylique...........	2,7 — 3,3	°/o en poids
Alcool butylique...........	0,9 — 1,05	°/o
Acide butyrique...........	— 0,1	°/o

Souvent il suffit que la Bactérie ait vécu, pendant quelque temps, dans un milieu, pour rendre ce milieu impropre à sa végétation, par l'accumulation trop considérable de produits de décomposition nuisibles à son développement.

C'est ainsi que la fermentation lactique est arrêtée, au bout de peu de temps, par la formation de l'acide lactique. Il faut, pour qu'elle puisse se continuer, ajouter au liquide une quantité suffisante de craie ou de blanc de zinc, afin de neutraliser l'acide au fur et à mesure de sa formation.

Des phénomènes du même ordre peuvent d'ailleurs se produire, autre part que chez les Bactéries, en particulier chez les Champignons. Ils varient seulement, suivant les espèces. Ce qui nuit à une espèce peut, au contraire, être nécessaire à une autre. Le changement dans la composition du substratum peut amener la destruction d'une espèce par une autre qui se trouvait, à l'origine, dans une proportion très minime vis-à-vis de la première. Celle-ci avait, par une transformation lente, préparé à la seconde un terrain favorable à son développement.

C'est un point qu'il ne faut jamais perdre de vue, d'une manière générale; quand on a soin d'en tenir compte, on arrive à expliquer facilement des phénomènes qui, sans cela, nous conduiraient à des conclusions erronées.

Nous venons d'indiquer les agents principaux qui influent sur la végétation des Bactéries : nos connaissances actuelles sur ce sujet ne sont pas assez complètes pour qu'il faille nous arrêter longtemps à énumérer ce qu'il peut encore y avoir d'intéressant, à ce propos.

L'assimilation de l'acide carbonique chez les Bactéries qui ont de la chorophylle, est fonction de l'intensité de la lumière : cette dépendance se comprend, du reste, par la présence de la chorophylle.

Des résultats assez peu précis, dus à M. Zopf, prêtent à la lumière une influence d'un autre genre; d'après ce savant, la croissance du *Beggiatoa persicina* serait augmentée par un éclairement plus intense. Il faut citer aussi une expérience de M. Engelmann (1) qui met sous la dépendance des rayons lumineux, les mouvements d'une espèce qu'il désigne sous le nom de *Bacterium photometricum*, mais qui, d'après ses descriptions, semble ne pouvoir pas être considérée comme une véritable Bactérie. L'in-

(1) W. Engelmann. — *Bacterium photometricum. Unters. aus d. Physiol. Laboratorium zu Utrecht.* 1882.

fluence de la lumière sur les Bactéries, en général, peut donc être contestée avec raison.

On trouve dans M. Cohn et M. Mendelssohn (1) la description de quelques expériences sur l'influence de l'électricité.

Les diverses influences que nous venons de signaler jusqu'ici, s'appliquent à tous les stades et à toutes les phases de la végétation, prise même à ses débuts, au moment de la germination des spores. Nous devons ajouter cependant, que ce dernier phénomène ne peut s'accomplir, dans toutes les circonstances, que si le milieu de culture est déjà favorable à la végétation de l'espèce. Cette remarque s'accorde avec celle que l'on pourrait faire à propos des spores de beaucoup de Champignons, en particulier des Mucorinées. Mais elle ne se rapporte plus à ce que l'on trouve chez les spores des autres Cryptogames, et les graines des plantes phanérogames lesquelles germent ou du moins peuvent germer, sans aliment venu de l'extérieur. Il suffit que l'on ait fourni l'eau, l'oxygène et la chaleur nécessaires : le reste existe dans la graine.

Nous avons vu au commencement de ces Leçons (voir page 35), que dans beaucoup de cas, comme chez le *Bacillus amylobacter*, la formation des spores peut se produire, en même temps que la végétation et la croissance d'une partie de la plante, dans un

(1) Cohn et Mendelssohn. — *Beitr. z. Biol. der Pflanzen*, III.

grand nombre de cellules végétatives, par conséquent, sous l'influence directe des conditions nécessaires à la végétation proprement dite. Dans d'autres espèces, en particulier dans les espèces à endospores, on peut dire que les spores ne se forment que lorsque le substratum nécessaire à la végétation de l'espèce a été épuisé, autrement dit, lorsqu'il est devenu impropre à cette végétation.

On peut se demander s'il faut chercher la raison de ce phénomène dans ce fait que les éléments nutritifs utiles ont été consommés en totalité ou bien parce qu'il y a eu accumulation des produits d'élimination ; ou bien encore, si la formation des spores se fait sous l'influence de causes internes, lorsque la végétation est arrivée à un certain degré qu'elle ne peut dépasser. Toutes ces questions ne peuvent être résolues qu'après des recherches plus précises. Disons toutefois, que le problème, envisagé au point de vue pratique, est d'une importance relativement secondaire.

L'action simultanée de ces différentes influences, se faisant sentir dans les conditions les plus favorables, amène un développement très rapide chez le plus grand nombre des Bactéries. M. Brefeld estime que le *Bacillus subtilis*, placé dans un bon milieu nutritif, en présence d'un apport suffisant d'oxygène et à 30°, divise chacun de ses bâtonnets une fois toutes les demi-heures : c'est-à-dire qu'au bout d'une demi-heure, chaque bâtonnet, tout en conservant sa largeur moyenne, augmente deux fois de longueur et se partage transversalement en deux parties égales.

A mesure qu'on s'éloigne de cet optimum de toutes les conditions, on voit, d'une manière très nette, le développement diminuer d'intensité. Supposons pour un instant, ce qui n'est pas rigoureusement démontré, qu'en même temps qu'il y a augmentation de volume, de la manière qu'il a été dit, il y ait augmentation dans la masse de la cellule, abstraction faite de l'eau de constitution. Cette hypothèse semble être assez voisine de la vérité. On constate, qu'après trente minutes, la cellule a doublé de grosseur dans le sens actuel de ce mot. Il y a donc augmentation de volume dans tous les sens. Des observations semblables peuvent être répétées sur beaucoup d'autres espèces : le *Bacillus anthracis*, le *Bacillus megaterium*, etc. Mais nous rencontrerons aussi, dans ce cas, des exceptions.

Le Bacterium du Kefir a besoin, du moins dans les cultures où j'ai pu l'observer, de plus de trois semaines pour que son poids devienne double de ce qu'il était : c'est donc un temps cinq cents fois plus grand que celui qui est nécessaire au *Bacillus subtilis*. Je ne saurais dire si je me suis placé dans les conditions les plus favorables ; je puis assurer seulement que c'étaient celles dans lesquelles le développement du Kefir se fait le mieux, à notre connaissance, c'est-à-dire dans du lait entre 15° et 20° et à l'air libre.

Il n'y a pas que la croissance et la germination qui soient fonctions des conditions extérieures : chez les espèces douées de mobilité, ces conditions exercent encore leur influence sur le mouvement. La forme et la direction de ce mouvement sont liées à l'action même des éléments nutritifs et, chez les espèces aérobies, à la présence de l'oxygène. Si l'on place une de ces formes mobiles, le *Bacillus subtilis*, par exemple, dans les conditions où il peut se mouvoir, et si l'on regarde au microscope, sur une lamelle de verre, une goutte de liquide contenant de ce Bacille, on le voit se rassembler de préférence sur le bord de la goutte où ses bâtonnets mobiles viennent chercher l'oxygène qu'ils trouvent abondamment en ce point. Les bâtonnets qui sont restés, par hasard, dans le milieu de la préparation et qui ne peuvent, d'après cela, recevoir l'oxygène de l'air avec une aussi grande abondance, ralentissent peu à peu leurs mouvements et finissent même par les perdre tout à fait.

Si l'on met des Bactéries aérobies dans une goutte d'eau ne contenant pas d'oxygène et dans laquelle se trouvent déjà des Algues à chlorophylle, dans les premiers moments, il ne se passe rien de remarquable. Mais, si l'on vient à éclairer assez la préparation pour que l'action chlorophyllienne puisse se produire, sous l'influence de la lumière, dès que l'oxygène se dégage, les Bactéries sont animées de mouvements très vifs, comme l'a montré M. Engelmann (1), et elles se dirigent toutes vers les points où se fait plus particulièrement le dégagement d'oxygène. Cette propriété des Bactéries d'avoir, pour ainsi dire, des points d'élection, peut servir pour déceler la présence, dans un milieu, de quantités infinitésimales d'oxygène. C'est à la recherche de l'oxygène, dans des conditions analogues, qu'il faut attribuer le groupement des formes aérobies que l'on voit fréquemment se rassembler en voile, à la surface des liquides nutritifs.

A côté de ces espèces étudiées jusqu'ici, qui vont, pour ainsi dire, à la recherche de l'oxygène de l'air, il en existe d'autres qui semblent s'éloigner des points où l'oxygène se trouve en abondance. C'est le cas d'un *Spirillum* étudié aussi par M. Engelmann (2). L'intensité du phénomène, cette fuite devant l'oxygène, si l'on peut s'exprimer ainsi, diminue à mesure qu'on abaisse la proportion de l'oxygène contenu dans l'air mis en présence de la Bactérie. Cette observation est un argument de plus, en faveur de l'existence d'espèces intermédiaires entre les aérobies et les anaérobies.

(1) W. Engelmann. — *Bot. Zeitg.* 1881, p. 441.
(2) W. Engelmann. — *Bot. Zeitg.* 1882, p. 321.

M. Pfeffer a démontré, d'une manière générale, l'influence d'une action chimique s'exerçant en présence des cellules et des organismes mobiles, chez les espèces les plus différentes (1). Cette action chimique doit être exercée par un corps étranger, soluble dans le liquide de culture où il a été introduit. Le mouvement peut être accéléré ou, au contraire, retardé. suivant les circonstances. C'est ce que M. Pfeffer a montré aussi, dans le cas particulier des Bactéries.

Les substances chimiques, dont il est question à propos des Bactéries, sont prises parmi celles que nous avons indiquées, dans la liste des éléments nutritifs les plus favorables. Le sens des mouvements, d'après M. Pfeffer, est déterminé par celui des courants de diffusion qui se produisent dans le liquide. Il en est de même du grand axe des cellules mobiles, qui est orienté dans la direction du courant. Enfin, la direction est aussi celle suivant laquelle les Bactéries sont entraînées mécaniquement dans le liquide.

Cette influence des substances chimiques dépend, toutes choses égales d'ailleurs, de l'état de la substance et de la concentration du liquide de culture dans lequel elle est dissoute. On peut même dire que le mouvement ne peut être déterminé par un courant quelconque de diffusion : la diffusion n'agit réelle-

(1) W. Pfeffer. — *Untersuchungen aus d. Botan. Institut zu Tübingen.* T. 3.

ment que dans des liquides appropriés à chacune des espèces que l'on considère.

Ce que nous venons de dire nous donne l'explication d'un phénomène souvent observé : la présence dans l'eau, en très grand nombre, des Bactéries autour des corps solides, par exemple, autour des fragments de plantes mortes ou des morceaux de viande qui renferment des substances solubles, se diffusant sans interruption dans l'eau environnante.

On déduira, sans aucune peine, les applications pratiques de tout ce que nous avons dit, en se rappelant les détails des phénomènes de végétation, les conditions où ces phénomènes se produisent, leurs rapports avec la production et la dissémination des germes. Il suffira, dans chaque circonstance, de se rapporter à l'un ou à l'autre de ces différents phénomènes. C'est la seule recommandation générale que l'on puisse faire. Quand on a su acquérir une certaine somme de connaissances précises et qu'on a pris soin de réfléchir posément à ce que l'on veut faire, on a des chances sérieuses d'atteindre le but que l'on s'est proposé. Il nous suffira donc de passer très brièvement en revue les différentes applications utiles des faits que nous avons appris.

Nous n'avons pas à ajouter grand'chose sur la culture des Bactéries. On emploie ordinairement des produits formés par les animaux ou les plantes, comme de l'extrait de viande, des bouillons, des décoctions de fruits, etc. On les neutralise et, suivant les besoins, on les mélange à de la gélatine ou bien l'on en fait des dissolutions dans l'eau, en ayant soin d'en employer des proportions qui ne doivent guère dépasser 10 p. 100.

Tels sont les milieux nutritifs que l'expérience ordinaire indique comme étant les plus favorables. On est parfois obligé, on le comprend, de choisir des milieux différents de ceux que nous venons de désigner.

En France, on a employé quelquefois, avec succès, des cultures dans l'urine. Dans quelques cas, on a dû prendre du sérum du sang. Ce dernier milieu s'est montré très favorable, et même, chez certaines formes parasites, il a été le seul liquide de culture possible. On l'emploie d'habitude, comme l'a indiqué M. Koch, après l'avoir chauffé à 60° ou 70° et l'avoir ainsi solidifié.

Les conditions absolument indispensables à l'exécution d'un travail sérieux, sont la pureté parfaite des espèces cultivées, l'absence de toute espèce étrangère et le contrôle toujours possible de la pureté qui doit se conserver pendant toute l'expérience. Nous avons donné plus haut (voir pages 62 et 74) quelques détails sur les manipulations qui permettent de réaliser ces diverses conditions. Nous avons aussi indiqué comment des espèces différentes pouvaient se nuire mutuellement et arriver à se détruire (Voir page 58).

Pour conserver pure une culture donnée ou dans tout autre but, quel qu'il soit, on a souvent besoin de détruire complètement, de tuer les germes qui se trouvent dans le milieu considéré.

Pour les cultures, en particulier, il faut, avant de les préparer, détruire avec soin les germes qui peuvent exister dans les appareils, dans les vases, dans les éléments nutritifs dont on doit faire usage. Cette destruction préalable des germes a reçu un nom : celui de *stérilisation* employé, pour la première fois, par M. Pasteur et par ses élèves.

Les substances qui sont un poison, en général, pour le protoplasma ordinaire, comme les acides, le bichlorure de mercure, etc., employés dans des proportions convenables, produisent l'effet désiré, quand il s'agit de la destruction pure et simple des germes. Il est bien entendu que ces substances doivent, pour tuer le protoplasma, pouvoir pénétrer jusqu'à lui. C'est d'ailleurs ce qui arrive pour la plupart des espèces, mais non pour toutes : quelques cellules, en effet, résistent très bien à l'introduction, dans leur protoplasma, des substances toxiques.

L'alcool absolu est un poison dont l'effet est presque instantané. Il tuera donc les spores des Bacilles endosporés, s'il arrive jusqu'à leur protoplasma. Cependant M. Pasteur a montré que les spores du

Bacillus anthracis peuvent résister à un séjour de plusieurs semaines dans l'alcool absolu. Il en est probablement de même d'autres espèces à endospores. Si l'on fait la même expérience avec des graines bien mûres et intactes de cresson alénois, on obtient le même résultat : retirées après un séjour d'un mois dans l'alcool, on peut encore en obtenir la germination.

Les spores des Bacilles et les graines de cresson ont cela de commun qu'elles sont toutes deux entourées d'une membrane protectrice qui ne laisse pas pénétrer l'alcool dans leur intérieur. Le protoplasma qui, dans toute autre condition, est sûrement tué chez ces mêmes graines de cresson, peut dans quelques cas rester vivant et sans altération, pour la raison que nous venons de dire.

Mais l'emploi de semblables poisons dans les cultures, pour obtenir une stérilisation toujours nécessaire, est accompagné, on le comprend, de très nombreux inconvénients. On ne peut les éviter, dans la plupart des cas, qu'en se débarrassant, après coup, pour ne pas nuire à la culture, du poison qu'on y a mis d'abord. On voit alors que rien ne nous assure contre l'introduction, par les manipulations ultérieures, de nouvelles impuretés et de nouveaux germes.

Le procédé le plus commode et le plus pratique pour obtenir la stérilisation consiste dans l'emploi d'une température extrêmement élevée qui doit dépasser 100° quand il s'agit de la destruction des spores. Il faut atteindre 120° à 150° pour stériliser un vase, à température sèche; pour les liquides, il suffit, pratiquement, de chauffer vers 100° quand on veut éviter la coagulation des matières albuminoïdes que contient le liquide à stériliser. Les cellules végétatives sont, pour la plupart, détruites à 50° ou 60°, comme l'ont montré les expériences de M. Tyndall (1). Après une première opération, on laisse le liquide au repos pour permettre aux germes qu'il peut renfermer de se développer, puis on chauffe de nouveau à 60° ou 70° et on recommence, tous les deux jours environ, cette même opération. Dans la plupart des cas, cela suffit pour obtenir, au bout de quelque temps, un liquide pur de toute Bactérie, — à condition toutefois que le vase qui le renferme soit hermétiquement clos, c'est-à-dire soit protégé efficacement contre l'introduction ultérieure des germes.

Dans le courant de la vie, ce qu'on veut obtenir, en général, c'est de pouvoir se préserver d'un certain nombre de germes nuisibles, de pouvoir empêcher leur développement, soit qu'on en laisse quelques-uns de vivants, soit qu'on les détruise. Une destruc-

(1) J. Tyndall. — *Philosophical transactions of the Royal Society London*. Vol. 166 (1876), 167 (1877). — Voir, dans le dernier volume, le mémoire sur la stérilisation fractionnée.

tion radicale et complète de tous les germes répondrait le mieux au but qu'on se propose, mais elle ne peut s'obtenir qu'en employant des poisons, dans des proportions assez fortes, ou une température à un degré assez élevé pour rendre cette destruction certaine; or, ces deux moyens risquent fort de nuire également à l'être ou à l'objet que l'on veut protéger contre les Bactéries. On ne peut, dans ce cas, que se contenter d'une approximation plus ou moins grande et par suite d'une protection plus ou moins certaine.

Il n'est pas douteux que c'est à cette protection relative contre les Bactéries que l'on doit les résultats heureux que l'on a obtenus de nos jours par l'emploi des désinfectants et, en particulier, par l'usage, dans les opérations chirurgicales, de ce qu'on appelle les *antiseptiques*. Laissons de côté, pour un instant, la propreté plus parfaite que les méthodes nouvelles ont permis d'obtenir, en nous débarrassant, en grande partie, de ce nombre considérable de germes répandus autour de nous ; il n'en est pas moins certain que l'emploi des antiseptiques a amené une protection très efficace contre le développement des germes, moins en détruisant les germes d'une manière absolue, qu'en arrêtant en partie leur développement et qu'en apportant un obstacle sérieux à leur végétation.

Les travaux étendus de M. Koch (1) ont montré que, parmi les désinfectants et les antiseptiques connus, le bichlorure de mercure, le chlore et le brome sont les seules substances qui détruisent complètement les germes.

Des produits comme l'acide salicylique, employés dans des proportions convenables, semblent n'avoir d'influence nuisible que sur la végétation proprement dite, qu'ils empêchent de se faire. Ce sont là des propriétés spécifiques des différentes Bactéries qu'il faudrait étudier de plus près. Il n'y aurait rien d'étonnant à ce que le Micrococcus de l'Érysipèle ou du furoncle se conduisît autrement vis-à-vis des antiseptiques que ne le fait le *Bacillus anthracis* que M. Koch s'est borné à étudier principalement.

(1) Koch. — *Mittheilungen aus d. Kaiserl, Gesundheitsamte.* I, p. 234.

VIIe LEÇON

RELATIONS DES BACTÉRIES AVEC LE MILIEU EXTÉRIEUR. — LEUR ACTION SUR CE MILIEU. — SAPROPHYTES ET PARASITES. — LES BACTÉRIES SAPROPHYTES CONSIDÉRÉES COMME AGENTS DES FERMENTATIONS. — PROPRIÉTÉS DES FERMENTS.

La végétation des organismes qui ont besoin, pour vivre, de matières organiques, doit nécessairement influer sur le milieu auquel elles empruntent leurs éléments nutritifs. Les modifications qui se produisent sont, en outre, intimément liées aux phénomènes de respiration et exercent sur le milieu une action profonde qui change notablement sa composition première.

Ce que nous venons de dire s'applique surtout aux organismes dont le mode de vie est tout spécial, à cause du manque de chlorophylle : aux Infusoires aussi bien qu'aux Champignons et aux Bactéries. Ce sont des Champignons, en particulier, les levures, les moisissures, etc. qui, se prêtant, jusqu'à un certain point, avec plus de facilité aux expériences, ont fourni les données les plus exactes sur les phénomènes dont nous parlons : nous aurons dans la suite à les citer souvent comme exemples.

L'intérêt qui s'attache aux Bactéries provient, en grande partie, de leur action sur le milieu où elles se trouvent. C'est cette action qu'il nous faut maintenant étudier avec détail, en donnant les résultats les plus importants que les recherches actuelles ont pu fournir.

Les organismes sans chlorophylle peuvent se diviser en deux catégories principales, suivant que leur substratum est une substance vivante ou une substance morte. On donne le nom de *Parasites* à ceux qui se trouvent dans l'intérieur des êtres vivants ou à leur surface et qui, dans tous les cas, vivent à leurs dépens.

Les autres portent le nom de *Saprophytes* et se nourrissent aux dépens de substances mortes. Quelques espèces peuvent, à la fois, s'adapter à ces deux manières de vivre; on peut les considérer comme Parasites aussi bien que comme Saprophytes. D'autres ne peuvent entrer que dans l'une ou l'autre de ces deux catégories.

Nous aurons bientôt à examiner de plus près ces différences et ces distinctions, surtout en ce qui regarde les Parasites. Il suffit, pour le moment, d'avoir signalé leur existence.

Nous commencerons par étudier les Saprophytes, parce que les phénomènes qu'ils présentent sont plus faciles à comprendre. Les corps, dans lesquels vivent les Saprophytes, sont le siège d'actions chimiques qui donnent lieu à des dédoublements en éléments plus simples. Dans les cas extrêmes, il y a une oxydation, poussée au dernier degré, qui donne finalement naissance à de l'acide carbonique et à de l'eau, termes ordinaires de décomposition des matières non azotées. Dans d'autres cas, il y a oxydation partielle qui ne va pas jusqu'à la combustion complète : ce sont là les « fermentations avec oxygénation », comme cela arrive dans la formation du vinaigre, où l'alcool du vin est converti en acide acétique.

Il se produit plus rarement d'autres espèces de réductions, comme dans la décomposition des sulfates par les *Beggiatoa*.

Enfin, on distingue les cas désignés sous le nom général de *fermentations* qui donnent lieu à des produits autres que des produits de pure oxydation. L'exemple le plus connu est celui de la fermentation alcoolique où les matières sucrées du liquide primitif se dédoublent en alcool et en acide carbonique.

Lorsque ces dédoublements s'accompagnent d'un dégagement de gaz plus ou moins putride, ce qui a lieu surtout quand on a affaire à des matières azotées, il se produit ce qu'on appelle communément une *putréfaction*, terme qui a reçu une certaine signification plutôt dans le langage vulgaire que dans le langage rigoureusement scientifique.

Nous n'avons pas l'intention d'entrer dans les détails circonstanciés des actions chimiques qui se passent dans ces divers phénomènes, ni d'étudier à fond le côté purement physique et chimique de la question. Ce serait sortir de notre cadre. Nous nous contenterons de rappeler, en quelques mots, que c'est seulement depuis 1860, environ, qu'on a montré, d'une manière certaine, que toute la suite des phénomènes de décompositions et de fermentations était liée d'une manière immédiate à la vie et à la végétation de certains organismes inférieurs, tels qu'un certain nombre de Champignons et l'ensemble des Bactéries. C'est un titre de gloire qui appartient en entier à M. Pasteur, d'avoir mis en lumière cette théorie « vitaliste » des fermentations, de l'avoir confirmée avec la plus grande netteté et de l'avoir étendue à toute une série de phénomènes qui s'y rattachent, contrairement à une théorie tout opposée qui n'attribuait aux organismes aucune action ou une action accessoire et sans importance. Il faut dire cependant que la théorie vitaliste avait déjà été entrevue, pour la fermentation alcoolique, d'abord par Cagniard-Latour, en 1828, et en 1837 par Schwann, sans que ces observateurs aient su lui donner une portée plus générale et en dévoiler le sens véritable.

Admettons donc que le mode de végétation de certains organismes vivants est la cause directe des fermentations et que leur absence empêche forcément la fermentation de se produire.

L'action de ces organismes leur a fait, par cela même, donner le nom d'organismes-ferments ou plus simplement de *ferments*, d'après la terminologie adoptée par l'école de M. Pasteur. Ce sont des *Levures* pour M. Nægeli. Suivant qu'ils se présentent en bâtonnets, comme les *Bacterium*, en bourgeons ou en filaments, on aura les ferments en bâtonnets, les ferments-levures, etc.

En France, on donne plus spécialement le nom de *Levure*, qui a été adopté par M. Nægeli pour désigner tous les ferments en général, à des Champignons particuliers qui sont des ferments, au point de vue physiologique, et qui poussent en donnant des bourgeons. Il était utile, pour que l'on puisse lire sans difficulté les mémoires écrits par les divers auteurs, de définir exactement la signification différente du mot *Levure*. Il faut ajouter, en outre, que ce terme sert non seulement à désigner les ferments en général, ainsi que les ferments en bourgeons, mais qu'il est donné quelquefois, pour achever la confusion, à toutes les formes de Champignons qui produisent des bourgeons, que ce soient ou non des ferments. Nous aurons encore à revenir sur un autre sens que l'on a donné à ce mot de ferment.

Comme la végétation ou la croissance des organismes s'accompagne d'une fermentation, on prévoit qu'une substance fermentescible devra contenir toutes les matières nutritives nécessaires à l'existence du ferment et à la possibilité de son développement. C'est ainsi qu'il ne suffit pas, pour faire fermenter une solution pure de sucre, d'y introduire, en petite quantité, des Champignons ou des Bactéries qui amènent sa fermentation ordinaire. Cependant, nous savons que le sucre est un élément nutritif excellent. Mais il ne peut fournir que du carbone, de l'hydrogène et de l'oxygène, ce qui n'est pas suffisant pour l'alimentation des organismes vivants. Si l'on a le soin d'ajouter à cette solution sucrée des éléments azotés qui laissent un résidu à l'incinération, la fermentation se produira d'elle-même, pourvu que l'on soit, bien entendu, dans les conditions favorables de température, d'humidité, etc. Les substances naturellement fermentescibles ou celles que l'homme fait fermenter artificiellement, pour son usage domestique, comme le moût de raisin, sont les milieux les plus favorables pour servir à la vie des ferments.

Chaque fermentation commence par la multiplication et la croissance de l'organisme qui la produit aux dépens de la substance fermentescible. C'est ce qu'on peut prouver directement en prenant une quantité infiniment petite de l'organisme considéré et en faisant des pesées successives, à mesure qu'il grandit. Les matières qui fermentent se décomposent en donnant des produits particuliers de fermentation, par suite des phénomènes spéciaux de végétation auxquels sont liées certaines décompositions chimiques bien définies. Nous n'insisterons pas davantage sur ce point dont nous avons déjà parlé.

L'exemple le mieux étudié de ces décompositions est celui qui nous est offert par la *fermentation alcoolique ;* il y a décomposition du sucre par l'action d'un ferment qui n'appartient pas au groupe des Bactéries proprement dites, mais que nous ne considérons pas moins, à cause de sa grande importance : c'est la Levure de bière ou *Saccharomyces Cerevisiae*. D'après les résultats trouvés par M. Pasteur, la levure de bière, placée dans un liquide approprié, décompose 100 parties de sucre ainsi qu'il suit : 1,25 sont employés à la formation de la levure, il se forme 4 à 5 p. 100 de glycérine et d'acide succinique; le reste, c'est-à-dire 94 à 95 p. 100 est transformé en alcool et en acide carbonique (1).

Cet exemple montre que les dédoublements sont

(1) D'une manière plus précise, 100 parties de sucre de canne donnent, en moyenne, d'après M. Pasteur :

Alcool.	51,10
Acide carbonique.	49,20
Glycérine.	3,40
Acide succinique.	0,65
Cellulose, matière grasse, etc.	1,30
	105,65

parfois très complexes et ne conduisent pas purement et simplement à la formation d'alcool et

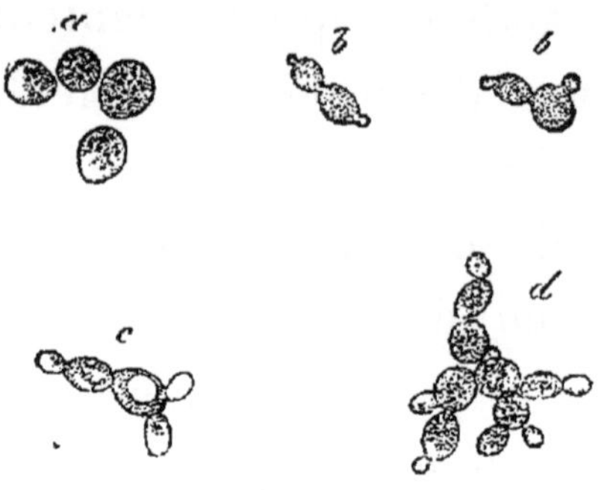

Fig. 6.

SACCHAROMYCES CEREVISIAE. — *a*. Cellules avant le bourgeonnement. — *b-d*. Stades successifs du bourgeonnement dans une solution sucrée. Grossissement 390 fois.

d'acide carbonique. Ces dernières substances qui se trouvent en quantité très considérable, comme on le voit, sont, il est vrai, les produits les plus impor-

Si l'on tient compte de tous les produits formés il n'est pas possible de *formuler* exactement l'équation de la fermentation alcoolique ni celle des fermentations en général.

« Lorsqu'on assimilait les fermentations, dit M. Pasteur dans ses « *Études sur la Bière*, à des décompositions par action de contact, on « devait croire et on croyait réellement qu'il existait pour chaque « fermentation une équation fixe, déterminée, invariable. Aujourd'hui, « il faut comprendre, au contraire, que l'équation d'une fermentation « est essentiellement variable avec les conditions dans lesquelles elle « s'accomplit, et que la recherche de cette équation est un problème « aussi compliqué que celui de la nutrition chez un être vivant. Chaque « fermentation a une équation qu'on peut assigner d'une manière « générale, mais qui, dans le détail, est assujettie aux mille variations « que comportent les phénomènes de la vie. En outre, autant de « substances fermentescibles pourront servir d'aliment carboné à un « même ferment, autant de fermentations distinctes pourront être « provoquées par ce ferment, tout comme, chez un animal, l'équation « de la nutrition varie avec la nature de ses aliments. »

tants de la fermentation alcoolique et les seuls dont on s'occupe en pratique, dans la fabrication des vins ou des eaux-de-vie.

On est ainsi conduit à distinguer, au premier abord, les produits principaux et les produits accessoires dans toute fermentation; le produit formé en plus grande abondance donne, en général, son nom à la fermentation tout entière.

Les fermentations qui se font sous l'action des Bactéries, suivent une marche assez analogue à celle de la fermentation alcoolique que nous avons prise pour type. Mais, dans la plupart d'entre elles, les produits de décomposition sont connus d'une manière approximative et même, dans certains cas, on n'a pu que signaler la présence des produits principaux. Très souvent, c'est l'acide carbonique qui domine. Nous aurons à les indiquer dans chaque exemple particulier que nous étudierons. Contentons-nous de remarquer, en outre, l'existence assez fréquente de matières colorantes sous l'influence des Bactéries. Nous en avons déjà parlé au commencement de ces Leçons (Voir page 11). Des faits précis semblent permettre de conclure à l'existence de fermentations donnant uniquement des substances colorées.

Beaucoup de ferments, sinon tous, donnent un certain nombre de substances diverses, en quantité très petite : malgré leur masse peu considérable, elles ont la propriété de produire, dans le substratum, d'autres modifications que celles qui concourent directement à la marche générale de la fermentation. Ce sont des modifications accessoires. On connaît des exemples de modifications semblables et de produits analogues, formés par des Champignons qui ne jouent pas le rôle de ferments et que l'on trouve dans certains organes et dans certaines cellules des organismes supérieurs ainsi que chez des plantes à chlorophylle.

La Levure de bière ou *Saccharomyces Cerevisiæ* dégage une substance qui intervertit le sucre de canne en dissolution, c'est-à-dire qui le dédouble, avec fixation d'eau, en glucose et en lévulose, autrement dit encore, en sucre de raisin et en sucre de fruits.

Le *Bacillus amylobacter* transforme, de la même manière, la cellulose en des composés solubles dans l'eau.

On sait que les cellules des graines en germination sécrètent une matière qu'on nomme *diastase*, qui change les grains d'amidon en dextrine et en glucose. On a réuni les matières analogues à cette diastase sous le nom de zymases ou mieux de *ferments solubles*, ferments non figurés : les auteurs allemands leur donnent, assez improprement, le nom général de ferments. D'après une terminologie naturelle employée pour la première fois, par M. Duclaux et par l'école française, il convient d'adopter le nom général de *Diastases*, chacune des diastases différentes ayant une terminaison identique. C'est ainsi qu'on distingue l'*amylase*, la *saccharase* ou *sucrase*, la *caséase*, etc. On réserve, en France, le terme de *ferment* pour les seuls organismes vivants ou figurés qui ont la propriété de produire des fermentations.

Les diastases, nous l'avons déjà dit, sont des corps non figurés sans forme précise ni organisation déterminée, solubles dans l'eau et semblant se rapprocher, par leurs propriétés chimiques, des matières albuminoïdes. On peut les isoler des organismes qui les produisent, sans leur faire perdre, pour cela, leurs propriétés. Ce qui les caractérise en particulier, c'est leur pouvoir de produire des décompositions et des dédoublements chimiques, sans entrer eux-mêmes en combinaison dans les composés qu'ils forment et sans altérer ainsi leur action ni la diminuer. Cette action varie d'ailleurs d'intensité, suivant les cas : on peut distinguer, comme dans les exemples que nous avons cités, les diastases qui intervertissent le sucre; on peut y ajouter celles qui changent les aliments albuminoïdes, avec fixation d'eau, en peptones très facilement solubles et assimilables : c'est ainsi qu'agit la *pepsine* dans le suc gastrique sécrété par l'estomac des animaux.

Ce qui précède nous fait comprendre, sans qu'il soit nécessaire d'y insister longuement, que si chaque fermentation possède son organisme particulier dont la présence est nécessaire et suffisante pour la produire, elle peut aussi avoir une diastase spéciale exerçant une action déterminée. Une même solution sucrée peut donner naissance à une fermentation alcoolique sous l'action d'une certaine espèce, à une fermentation lactique ou butyrique sous l'influence d'espèces différentes. Une même fermentation, qui tire son nom des principaux produits qui sont formés, peut aussi se faire sous l'action d'espèces très diverses, sans que les autres conditions aient besoin d'être modifiées d'une manière générale. — Seulement, les composés élaborés peuvent être en quantités différentes dans les deux cas. C'est ainsi que la fermentation alcoolique des matières sucrées est susceptible de se produire par suite de l'action des Saccharomyces et aussi de certaines espèces de Mucorinées.

Un même milieu peut donc fermenter sous l'action de plusieurs espèces : d'autre part, la même espèce peut donner lieu à des décompositions différentes suivant le milieu où elle est placée. Le ferment des vinaigreries oxyde l'alcool et le transforme en acide acétique, dans un liquide, sous une mince épaisseur. Quand l'alcool fait défaut, il ne donne plus que de l'acide carbonique et de l'eau. La Levure de bière décompose directement le sucre de raisin en acide carbonique et en alcool. Le sucre de canne n'est pas ainsi décomposé immédiatement : il est d'abord interverti par une diastase dont nous avons déjà parlé, et le sucre interverti, c'est-à-dire formé de glucose et de lévulose, est alors transformé en acide carbonique et en alcool au fur et à mesure de sa production.

Le Bacille de l'alcool butylique de M. Fitz ou *Bacillus amylobacter* (Voir plus bas la IXe Leçon) se développe bien dans les solutions de sucre de lait, d'acétate d'ammoniaque, dans les lactates, les malates, les acétates, etc., sans y produire de fermentations caractéristiques. Il dédouble la glycérine, la mannite, le sucre de canne, en donnant de l'acide carbonique, de l'acide butyrique et de l'alcool butylique comme produits principaux, de petites quantités d'acide lactique comme produit accessoire ; mais les premiers composés sont en quantités très variables suivant le milieu nutritif. C'est ainsi que l'acide butyrique est, dans les trois milieux nutritifs que nous avons indiqués, dans les proportions de 17,4, 35,4 et 42,5.

Il ne serait pas difficile de trouver de nombreux exemples de pareilles variations.

La formation des diastases peut aussi subir des changements analogues qui dépendent des différents milieux. M. Wortmann (1) a signalé, dans le cas

(1) Wortmann. — *Zeitschr. für physiol. Chemie*, VI, p. 287.

d'un Bacterium qu'il ne désigne pas autrement, la formation d'une diastase dissolvant l'amidon et le dissolvant seulement dans le cas où celui-ci se présente en grains et qu'il forme à lui seul la réserve de carbone. Si le carbone peut être pris dans un composé quelconque, facilement soluble dans l'eau, comme le sucre, ou dans l'acide acétique, les grains d'amidon demeurent intacts. On peut dire la même chose du *Bacillus amylobacter* qui, d'après M. Van Tieghem, se nourrit de glucose en respectant la cellulose qu'il ne décompose et n'emploie comme aliment que lorsqu'il ne trouve pas d'autre réserve de carbone assimilable.

Enfin, quand les matières nutritives ne changent pas, on peut, en modifiant dans des limites déterminées les conditions extérieures, faire varier notablement une fermentation ou une décomposition donnée et même l'empêcher complètement de se produire. On trouvera des exemples de ces modifications dans les Mucorinées dont nous avons déjà parlé, dans les Saccharomyces, dans les Bactéries, comme le *Bacillus amylobacter*. Ce dernier, selon M. Fitz, peut perdre sa propriété de produire une fermentation sans perdre, pour cela, ses facultés végétatives. Il suffit de le porter à une température assez élevée, de chauffer ses spores jusqu'à l'ébullition, pendant une à trois minutes, dans une dissolution de sucre de raisin, ou pendant sept heures à 80°; ou enfin, il suffit de le cultiver, pendant plusieurs générations, en présence d'un excès d'oxygène. Ces différents procédés l'empêchent de déterminer sa fermentation habituelle.

Les Mucorinées présentent, à mesure que l'on change leurs conditions d'existence, des variations très curieuses dans leur forme végétative. On a pu les étudier, dans chaque cas, avec une assez grande précision. Les Saccharomyces et les Bactéries observés après les Mucorinées, n'offrent ces changements de forme que dans des proportions insensibles et, le plus souvent, à peine appréciables. Cependant, l'on comprend que les actions extérieures de toutes sortes doivent influer, d'une certaine manière, sur leur forme : c'est ce qui ressort des considérations présentées plus haut (Voir page 47). Il est donc vraisemblable — ce point demande à être éclairci par des recherches précises — que les modifications que présentent les Bactéries fortement polymorphes, sont déterminées, en grande partie, par les variations qui surviennent dans les conditions extérieures.

Dans la succession naturelle des phénomènes, les différentes phases de l'évolution de l'organisme et de la fermentation qu'il produit, s'accomplissent rarement jusqu'au bout, en formant un cycle fermé. Le nombre de ces organismes est si considérable, que leurs germes arrivent ensemble ou peu de temps les uns après les autres dans des milieux où des fermentations diverses se sont déjà produites. Ils se développent donc tous à la fois ou bien agissent successivement pour former leurs composés particuliers. S'ils rencontrent un milieu favorable, ils le transforment par leur végétation, se le rendent impropre à eux-mêmes, tout en le préparant pour le développement d'autres espèces. C'est ainsi que des fermentations et des dédoublements de toutes sortes peuvent se produire et se produisent dans un même milieu.

Des exemples de ces fermentations mélangées et de ces décompositions successives, se rencontrent dans la nature un peu partout et, en général, dans toutes les substances qui servent à l'alimentation de l'homme. Il nous est inutile de les décrire plus longuement, d'autant plus que nous aurons à y revenir dans les cas particuliers que nous aurons à examiner dans la suite de ces Leçons.

VIIIe LEÇON

TYPES PRINCIPAUX DE SAPROPHYTES. — NOTIONS SOMMAIRES SUR LEUR NOMENCLATURE. — SAPROPHYTES QUE L'ON TROUVE DANS L'EAU : CRENOTHRIX, CLADOTHRIX, BEGGIATOA. — AUTRES ORGANISMES CONTENUS DANS L'EAU.

Avant d'aborder l'étude plus détaillée de quelques Bactéries saprophytes en particulier, qu'on nous permette de faire quelques remarques préliminaires, en ce qui concerne cette étude.

En premier lieu, il convient de remarquer qu'il ne nous sera pas possible de tenir compte de tous les faits connus relatifs à chaque espèce que nous décrirons ni de les examiner successivement. Nous nous bornerons à rappeler ceux qui, entrant dans le cadre que nous nous sommes tracé, présentent un intérêt général. D'ailleurs, des études ultérieures viendront ajouter beaucoup de notions nouvelles à celles que la science a acquises jusqu'à nos jours et il n'y a pas de doute que les idées actuelles ne subissent, dans l'avenir, de profondes modifications. Nos études sur ce sujet sont à peine commencées et la voie des recherches vient seulement d'être ouverte depuis peu de temps.

Nous ferons remarquer aussi que, voulant nous placer, avant tout, au point de vue purement morphologique et biologique de la question, il n'entre pas dans nos intentions de nous étendre longuement sur les détails des actions chimiques qui s'accomplissent pendant les fermentations diverses qu'il nous sera donné d'étudier.

D'ailleurs, nous ne pourrons développer également chaque partie, même au point de vue où nous nous plaçons : car il s'en faut de beaucoup que chacune d'elles soit connue au même degré ; les études se sont naturellement développées d'une manière très inégale, suivant le sujet envisagé.

Il ne peut donc être question de donner une nomenclature systématique ni de présenter une classification botanique naturelle : les divisions établies jusqu'ici, parmi les Bactéries, n'offrent qu'un procédé plus ou moins commode et, en tout cas, provisoire, de s'entendre à leur sujet ; c'est ce que nous ferons à notre tour en adoptant, par une convention tacite, notre classification comme apportant simplement un peu d'ordre dans la nomenclature.

Nous avons admis, d'après ces principes, que l'on

pouvait diviser les Bactéries en Bactéries *endosporées* et en Bactéries *arthrosporées* ou sans endospores. Un certain nombre d'espèces, un peu mieux connues, peuvent facilement être prises dans l'une ou l'autre de ces deux grandes divisions et être élevées au rang de *genre* ; on les désignera alors par un nom générique qu'on prendra le soin de définir avec une grande précision.

C'est ainsi que nous réservons le noms de *Bacillus* à toutes les formes et à toutes les espèces à endospores, qui ont des cellules végétatives en bâtonnets et des files de cellules dans une direction donnée.

Parmi les formes à arthrospores, nous distinguerons plusieurs types tels que les *Beggiatoa*, les *Cladothrix*, les *Leuconostoc*, les *Sarcina*, etc., que l'on différencie par les caractères que nous donnerons plus loin.

Nous laissons de côté toute une foule d'autres types, pour lesquels nous nous bornerons à une distinction superficielle basé sur leur forme et qui ne pourront recevoir une place certaine que dans la classification définitive. On rangera parmi eux les types à spirales ou *Spirillum*, dont un certain nombre appartiennent, suivant M. Van Tieghem, aux Bactéries à endospores.

D'autres formes n'ont pu être classées, d'une manière bien définie, et on les réunit provisoirement dans un même groupe. C'est ainsi que les formes en bâtonnets qui n'ont pas d'endospores sont désignées sous le nom commun de *Bacterium* et celles qui ont l'aspect de *coques* ou cellules arrondies (Voir page 20) sont appelées des *Micrococcus*. La distinction entre ces derniers et les Bactériums en très courts bâtonnets, ne peut être faite, on le comprend, que d'après certaines conventions provisoires; on doit donc s'attendre à rencontrer entre toutes ces formes une certaine synonymie — qui existe en effet.

Les eaux, qui contiennent en dissolution des matières organiques, renferment très souvent avec elles, dans des proportions appréciables, des formes relativement grosses, à arthrospores, qui viennent troubler, d'une manière désagréable, la pureté des eaux : ce sont les *Crenothrix*, les *Cladothrix*, les *Beggiatoa* dont il a déjà été question.

1. *Crenothrix Kühniana.*

Cette espèce (1) (fig. 7) se présente, dans son état de développement le plus avancé, sous forme de filaments qui ont de 3 à 6 μ. de largeur et près de 1 centimètre de long. L'une de leurs extrémités se fixe aux corps étrangers, ne prend aucune part à la multiplication, reste droite ou se recourbe très peu en forme d'arc. Le reste du filament se compose d'une

(1) W. Zopf. — *Zur Morphologie der Spaltpflanzen.* Leipzig 1882. 4°. — Id. — *Entwickelungsgeschischtl-Unters. über Crenothrix polyspora, die Ursache d. Berlin Wassercalamitat.* Berlin, 1879. — Id. — *Monatsberichte d. Berliner Academie*, 10 mars 1881.

série de cellules cylindriques qui ont une demi-fois ou une fois et demie autant de longueur que de largeur. Les parties extérieures de leur membrane latérale sont tapissées, sans interruption, par une dernière assise extérieure très mince qui fait le tour du filament tout entier et qui, plus tard, se colore en jaune, en brun ou en brun-vert, par des sels de fer dont elle se pénètre. Les filaments se coupent très souvent, dans le sens transversal, en fragments qui restent en liberté dans l'intérieur du liquide et s'y rassemblent en masses floconneuses. Parfois, ils peuvent continuer à se diviser jusqu'à atteindre la forme de cellules d'égal diamètre, dans tous les sens, et finissent même par prendre un contour circulaire assez régulier.

Dans les gros filaments, les parties qui se détachent prennent souvent la forme d'un disque rectangulaire très peu volumineux, qui se partage ensuite, dans le sens même de la longueur du filament, en petites cellules arrondies (fig. 7, *b*, *c*) ; celles-ci se séparent du disque et deviennent libres par suite d'une gélification qui se produit longitudinalement ; ou bien, c'est à son sommet seulement que le disque se gélifie pour laisser passer les petites cellules qui sont mises en liberté, soit à cause du simple allongement du filament qui les porte, soit par suite d'un mouvement qui leur est propre. La forme de ces petites cellules conduirait à leur donner le nom de *coques* ; leur développement ultérieur les fait reconnaître pour des *spores*.

Ces cellules, en effet, placées dans de l'eau de

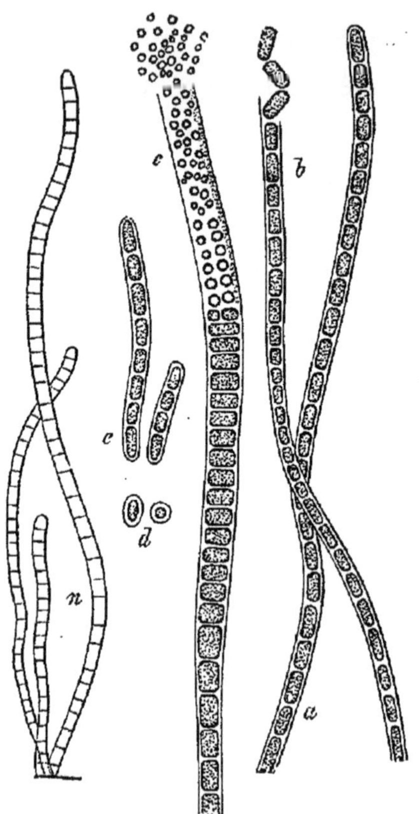

Fig. 7.

CRENOTHRIX KUHNIANA. — *n*. Groupe de jeunes filaments, fixés à leur base (grossissement 450 fois). — *a*, *b* (grossissement 540 fois). Filaments plus âgés; en *b*, articles séparés sortant par l'ouverture supérieure. — *c*. Filament plus large, avec cellules quadrangulaires à la base, dont le protoplasma s'est divisé en petites cellules rondes formant des spores. Les spores sortent à la partie supérieure. — *d*, *e* Spores germant et donnant de jeunes filaments (grossissement 600 fois). — D'après M. Zopf.

marais, sont susceptibles de se développer et de reproduire des filaments identiques à ceux qui leur ont donné naissance (*d*, *e*). Elles peuvent, d'autre part, tout en conservant leur forme de coques, se multiplier en sécrétant une assez grande quantité de mucilage externe et former des Zooglées qui sont d'une petitesse extrême ou bien, au contraire, qui atteignent jusqu'à près d'un centimètre de diamètre. Elles passent rarement, d'après M. Zopf, à l'état de mobilité, pour revenir ensuite à celui de repos. Les Zooglées sont d'abord incolores ; mais la production des composés de fer leur donne bientôt la même coloration qu'aux filaments isolés. Enfin, cet état de Zooglées peut cesser à son tour, pour laisser les cellules en forme de coques qui le composent donner naissance aux filaments qui ont été décrits tout d'abord.

Le *Crenothrix Kühniana* est répandu dans les eaux de toute provenance, et même dans les eaux d'infiltration, jusqu'à une profondeur de vingt mètres.

Dans les conduits d'eau, dans les canaux de drainage, etc., il produit des accidents fort redoutés ; les filaments en pelotons et les Zooglées peuvent se multiplier en si grande abondance, qu'ils arrivent à former, dans les canaux, une masse épaisse de mucilage compact qui arrête le cours de l'eau. Dans les réservoirs, on les voit s'étendre en couches qui peuvent atteindre plusieurs pieds d'épaisseur. L'eau est ainsi rendue impropre à l'usage domestique ; il n'est guère possible de la boire, bien que le *Crenothrix* ne semble pas avoir d'effet directement nuisible à la santé de l'homme ; on ignore aussi les actions chimiques qu'il peut produire dans le milieu où il se trouve.

2. *Cladothrix dichotoma.* Cohn.

On rencontre souvent, non seulement dans les eaux d'égout, les détritus d'usines, etc., mais aussi dans les ruisseaux, un organisme plus fréquent encore que le *Crenothrix* : c'est le *Cladothrix dichotoma*. Cohn (fig. 8). Il forme, sur les bords de l'eau, d'assez longues traînées floconneuses, d'un gris blanchâtre. Les filaments très ténus, d'un aspect analogue à ceux du *Crenothrix*, s'en distinguent par ce fait remarquable qu'ils sont ramifiés quand ils sont arrivés à leur complet état de développement. La ramification se produit en partant d'une cellule du filament principal, qui se recourbe et se rejette légèrement de côté, avant de croître bientôt dans toutes les directions et de se partager transversalement.

Le rameau fait avec l'axe un angle aigu ; en considérant son point de départ, il se dirige verticalement, de manière à former, nous l'avons dit, un angle aigu avec le filament principal. Il pousse rarement dans un sens opposé.

On retrouve très souvent cette forme de ramification chez beaucoup de Nostocacées, telles que les *Scytonema*, les *Calothrix* ; on lui donne quelquefois le nom de « fausse ramification, » parce que la part qu'y prend la cellule basilaire est différente, au point de vue morphologique, de celle qu'y prend cette même cellule chez la plupart des autres plantes inférieures à une seule file de cellules. Cette fausse ramification est, d'ailleurs, assez improprement nommée dans ce cas; car c'est tout simplement une forme de ramification réelle qui se fait d'une façon particulière, sans mériter le nom de fausse ramification, sous laquelle on a voulu la distinguer.

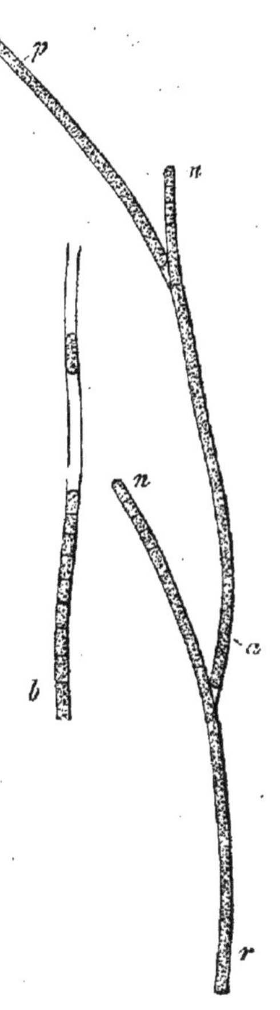

Fig. 8 (1).

Ce que nous savons, d'après les recherches de M. Zopf, sur la structure et le développement du *Cladothrix* se rapproche assez des faits décrits chez le *Crenothrix* : il y a peu de remarques générales à en tirer, et nous ne pouvons

(1) Cladothrix dichotoma. — *a*. Partie de filament qui a d'abord poussé dans la direction *r-p*. Il y a eu ramification et bourgeonnement sur le côté, ce qui a donné la portion *n*, *n*. — A l'aisselle de ces derniers filaments, on voit se former d'autres cellules cylindriques que l'on ne peut mettre en évidence que par l'action des réactifs colorés. — *b*. Portion de filament où l'on voit nettement la division en cellules et l'existence d'une membrane. A la partie supérieure, cette dernière est rendue manifeste par la disparition du protoplasma. (Grossissement 600 fois). — La largeur a été un peu exagérée.

que renvoyer à la monographie de M. Zopf pour une étude plus détaillée des phénomènes.

Il ne sera cependant pas superflu de dire que, chez le *Cladothrix*, la membrane cellulaire peut contenir des oxydes de fer qui lui donnent leur coloration caractéristique. Les masses mucilagineuses, colorées en rouge ocre, qui se trouvent souvent en grande quantité dans les ruisseaux et les sources d'eau ferrugineuse, sont formées de filaments appartenant au *Cladothrix*, suivant M. Zopf. Autrefois, on les décrivait sous le nom de *Leptothrix ochracea*, Kützing.

Les filaments peuvent se reproduire à l'aide de fragments détachés qui continuent à s'accroître; ils produisent, on le comprend aisément, des « bâtonnets » d'autant plus courts qu'ils sont eux-mêmes plus petits.

La reproduction est aussi assurée, d'autre part, par l'existence de spores ou «coques», c'est-à-dire de cellules courtes et rondes qui sont mises en liberté et se développent en filaments.

Les filaments ou les rameaux qui en dérivent peuvent se couper en fragments, par des divisions transversales au lieu de prendre la forme spiralée, mais encore relativement rectiligne qu'ils conservent en subissant une torsion plus ou moins prononcée; les formes spiralées subissent, elles aussi, des divisions semblables.

Les fragments isolés, longs ou courts, en bâtonnets ou en spirale, de même que les spores ou « coques », peuvent, très fréquemment, acquérir la propriété de se mouvoir. Ceux qui sont allongés sont animés d'un certain mouvement de reptation ; ceux qui sont courts ont des mouvements très analogues à ceux qui ont été décrits dans la première Leçon (Voir page 6).

Enfin, toutes ces formes diverses : filaments, bâtonnets, spirales, coques, se trouvant ensemble ou isolément dans un même milieu, peuvent s'agglomérer en Zooglées, par suite de la production d'un mucilage. Ces Zooglées prennent souvent l'apparence de buissons ramifiés. Chacune des formes qui les composent peut revenir à son premier état de mobilité, et même reprendre à nouveau l'aspect d'un filament dont elles proviennent et qui nous a servi de type pour notre description du *Cladothrix*.

Tous ces faits nous démontrent combien le *Cladothrix* est polymorphe quand on le considère dans les différentes périodes de son évolution. Les noms de Leptothrix, de Bacille, de Bacterium, de Micrococcus, de Spirillum, etc., peuvent lui être successivement appliqués, à condition que ces termes n'aient pour nous d'autre signification que celle de désigner les formes diverses que revêt la même espèce dans les divers stades de son évolution.

On ne sait pas plus que pour le *Crenothrix* si le *Cladothrix* a une action nuisible et quels sont les phénomènes chimiques auxquels il donne naissance.

3. *Beggiatoa.*

Les travaux de M. Zopf ont montré que les *Beggiatoa* (fig. 9) se rapprochent beaucoup des *Cladothrix* et des *Crenothrix* par une polymorphie très grande dans leur développement. Ils possèdent en effet, comme ces derniers, des filaments et des parties de filaments, des bâtonnets droits ou spiralés, des formes de spirillums qui portent des cils et que l'on a décrites sous le nom d'*Ophidomonas* (*d*), des cellules petites et rondes ou spores, enfin des agrégats ou Zooglées. Ces bâtonnets, ces spirillums, ces « coques » sont animés souvent de mouvements très vifs.

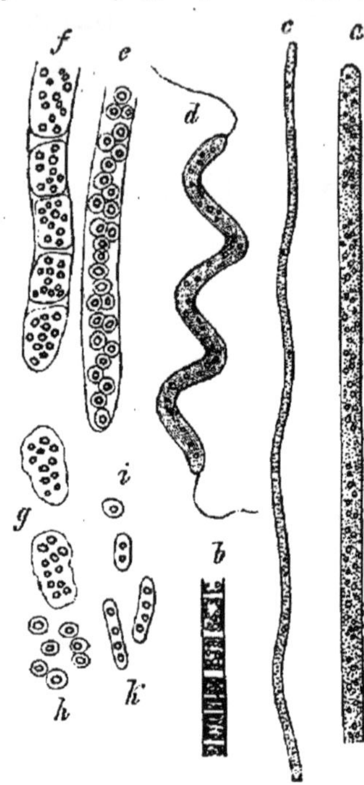

Fig. 9 (1).

(1) Beggiatoa alba. — *a*. Portion de filament en plein développement. — *b*. Portion de filament où la division en cellules est rendue manifeste par l'action d'une solution alcoolique d'iode. — *c*. Filament très étroit, dans la même préparation. Le grossissement de *a-c* est de 600 fois : le dessin a un peu exagéré la grandeur. — *d*. Formes spiralées mobiles (*Ophidomonas*), grossies 540 fois. — *e-k*. Formation de spores par division successive d'un filament. Le centre de chaque spore est formé, en grande partie, par un granule de soufre. — *f*. Division plus avancée qu'en *e*. — *g*. Le filament se sépare en groupes de spores. — *h*. Spores isolées. — *i-k*. Germination des spores (*i*) à différents états et mobiles. — *e-k*. Grossissement de 900 fois. — *d-k*. d'après M. Zopf.

Il y a cependant une différence assez importante entre ces deux types, dans ce fait que les *Beggiatoa* contiennent du soufre et que leurs filaments, comme ceux des *Crenothrix*, ne sont pas ramifiés.

Le *Beggiatoa alba* est l'espèce qui se rencontre le plus fréquemment. Ses filaments sont incolores, fixés ordinairement, sans intermédiaire, à des corps solides, mais pouvant s'en détacher facilement : ils deviennent libres, dans ce cas, et leur largeur varie entre 1 μ et 5 μ. Il sont composés de cellules plus ou moins cylindriques ou aplaties et discoïdes, cette dernière forme dominant dans les types les plus gros.

Les cellules ne possèdent pas de membrane distincte entourant le filament tout entier. De plus, tandis que, chez les *Crenothrix* et les *Cladothrix*, le corps protoplasmique est légèrement trouble, d'une manière uniforme, et finement granuleux, chez les *Beggiatoa*, il renferme par places des granulations relativement volumineuses, rondes, fortement réfringentes et à contours sombres, formées par du soufre, comme l'a montré M. Cramer. Ces granules de soufre se rencontrent aussi dans les formes autres que les filaments. Leur nombre est d'ailleurs variable. Parfois, surtout dans les filaments très ténus, ils se montrent en petite quantité ; ils peuvent même manquer complètement dans une certaine longueur : le plus souvent, ils existent en nombre assez considérable pour masquer la structure même du filament, qui apparaît alors comme un bâtonnet dont le contenu, uniformément trouble, est bourré de granules à contours noirâtres. L'emploi de réactifs très avides d'eau rend seul possible la distinction très nette des cellules (*b*).

Les filaments possèdent des mouvements souvent très étendus, analogues à ceux que l'on rencontre chez les Oscillaires vertes dont il a déjà été question à plusieurs reprises et qui se rapprochent, incontestablement, des *Beggiatoa* et des Bactéries à arthrospores. Ils se déplacent, dans le sens de leur longueur, suivent une ou plusieurs directions opposées, en décrivant une spire qu'on pourrait placer à la surface d'un cône très aigu, d'un cône à double nappe. C'est le mouvement que nous avons indiqué (page 6) chez les Bactéries en bâtonnets. Une observation un peu moins attentive ferait croire à un mouvement de reptation combiné avec un mouvement pendulaire qui semble affecter l'extrémité seule du filament. Enfin, il peut se produire des torsions qui disparaissent par instants pour reparaître ensuite, en même temps qu'une courbure assez marquée s'étend au filament tout entier.

On connaît un certain nombre d'espèces de *Beggiatoa*. Citons le *Beggiatoa roseo-persicina*, remarquable par sa polymorphie et sa coloration qui va du rose-rouge au violet. Ses Zooglées ont été rapportées par M. Zopf au *Clathrocystis roseo-persicina*, Cohn.

Le *Beggiatoa mirabilis* Cohn, n'est connu que sous la forme de filaments : c'est une espèce gigantesque — par rapport aux autres; elle atteint de 20 à 30 μ d'épaisseur.

Citons encore le *Beggiatoa arachnoides*, Roth.

A part les quelques légères différences que nous avons signalées, toutes ces formes se rapprochent du *Beggiatoa alba* par la présence de granules de soufre dans l'intérieur des cellules.

Le *Beggiatoa alba* est un des organismes qui se rencontrent le plus fréquemment dans l'eau. Il est répandu aussi bien dans les eaux stagnantes que dans les eaux d'égout et les sources thermales : on l'y rencontre souvent en même temps que les *Cladothrix*; on peut même le trouver sur le bord de la mer, dans des eaux peu profondes.

Les *Beggiatoa* vivent sur des débris d'organismes, en particulier sur des plantes en décomposition : c'est pourquoi ils préfèrent le fond des eaux où les détritus abondent ; quand leur développement se fait sans encombre, on les voit recouvrir les objets sur lesquels ils sont fixés, d'une pellicule mucilagineuse, blanche ou rose, parfois d'un brun violet, dans le cas des *Beggiatoa roseo-persicina* ; parfois aussi ils forment de longues traînées floconneuses.

Ces organismes ont la propriété de réduire les

sulfates contenus dans les eaux qu'ils habitent, en particulier le sulfate de soude, le gypse : ils mettent en liberté du soufre et de l'acide sulfhydrique. Cette réduction a son siège dans le protoplasme même des cellules : c'est ce que démontre la présence, dans ce protoplasma, de granules de soufre, comme nous l'avons dit. La formation de l'acide sulfhydrique a pour résultat de précipiter, à l'état de sulfure de fer, le fer contenu dans les cellules, lequel colore en noir la gaîne mucilagineuse qui entoure les *Beggiatoa*. On explique aisément, de la sorte, l'existence dans les eaux, de l'acide sulfhydrique qui s'y trouve en dissolution ou qui se dégage en partie dans l'atmosphère : ce gaz donne aux eaux l'odeur repoussante que l'on connaît et sa présence peut nuire considérablement à la vie des animaux qui s'y trouvent habituellement. C'est ainsi que le fond du golfe de Kiel, couvert de *Beggiatoa*, s'appelle le fond « blanc », mais aussi le fond « mort », parce qu'on n'y trouve pas de poissons qui évitent avec soin ces parages. Cependant, le golfe ne semble pas interdit à tous les animaux sans exception (1).

Ces petites plantes ont donc un rôle particulier assez important dans l'économie de la nature aussi bien que dans l'économie humaine : c'est une pro-

(1) E. Warming. *Om nogle ved Danmarks Kyster levende Bacterier* Vidensk, Meddelser fra den naturhist. Forening; Kjobenhavn 1875. — A. Engler. — *Die Pilzvegetation d. weissen od. todten Grundes d. Kieler Bucht* Bericht d. Commiss. Erforschung d. deutschen Meere. IV.

priété qu'elles semblent avoir en commun avec d'autres organismes à chlorophylle assez voisins des Oscillaires et des *Ulothrix*.

Les formes que nous venons de décrire sont les représentants les plus remarquables du groupe des Bactéries qui se trouvent dans les eaux : ce ne sont pas les seules. Les eaux, qui contiennent des *Beggiatoa* et des *Cladothrix*, sont habitées par des types, plus ou moins nombreux, appartenant à des groupes dont nous avons déjà parlé, comme les Bacilles à endospores par exemple. Nous n'avons pas encore de données suffisantes pour pouvoir étudier avec plus de détails leur structure et les actions chimiques qu'ils produisent. Les quelques faits particuliers que l'on connaît à leur égard, n'ont pour nous aucun intérêt.

Quant aux germes de Bactéries qui se trouvent, même dans les eaux les plus pures, exposées à l'air et à la poussière, nous en avons assez parlé (Ve Leçon) pour ne pas avoir à y revenir ici.

IXe LEÇON

SAPROPHYTES AGISSANT COMME FERMENTS. — FERMENTATION DE L'URÉE. — NITRIFICATION. — FERMENTS DU VINAIGRE, DES MATIÈRES MUCILAGINEUSES, DE L'ACIDE LACTIQUE. — KEFIR. — BACILLUS AMYLOBACTER. — MATIÈRES ALBUMINOIDES. — BACTERIUM TERMO.

Parmi les Saprophytes qui jouent le rôle de ferments et qui produisent des fermentations déterminées, nous avons à étudier en particulier, à cause de l'intérêt général qu'ils nous offriront, les organismes suivants : le Micrococcus de l'urée; les Bactéries de la nitrification; les ferments du vinaigre ou fleurs de vinaigre; les ferments des acides lactique et butyrique; ceux des hydrates de carbone et des autres matières organiques; enfin les Bactéries des matières albuminoïdes.

1. MICROCOCCUS DE L'URÉE.

L'urine normale de l'homme et des carnivores, exposée à l'air, devient alcaline et ammoniacale, au lieu de conserver la réaction acide qu'elle présente à l'état frais. Cela vient de ce que l'urée est transformée en carbonate d'ammoniaque avec fixation d'eau. Le liquide, clair et limpide à l'origine, devient trouble, ce qui se produit, comme l'expérience le démontre, sous l'influence d'un organisme inférieur, peut-être aussi sous l'influence de Champignons et de Bactéries de toutes sortes.

Nous désignerons le premier organisme, sous le nom de *Micrococcus ureae*, Cohn. Il est de beaucoup le plus important, si nous considérons simplement la fermentation de l'urée dont il est question et dont il est l'agent principal (1).

C'est à M. Pasteur qu'on doit d'avoir montré le premier que ce Micrococcus, pris à l'état de pureté et cultivé dans un milieu bien pur contenant de l'urée, produit le dédoublement de cette dernière substance, comme il le fait dans l'urine même. Ce dédoublement a lieu, grâce à la production d'une diastase que le Micrococcus a la propriété de sécréter et qui a été mise en évidence, pour la première fois, par Musculus en la précipitant par l'alcool.

(1) P. Van Tieghem. — *Sur la fermentation ammoniacale*, Comptes rendus, t. 58 (1864), p. 211. — V. Jacksch. — *Zeitsch. f. physiol. Chemie*, t. 5, p. 395 (1881). — Duclaux. — *Chimie biologique*, p. 697.

Ce Micrococcus (fig. 10) se compose de cellules qui atteignent de 1,25 à 2 μ de grosseur et qui peuvent se réunir, le plus souvent sinon toujours, en séries de douze cellules au moins. Les séries linéaires, ainsi formées sont parfois, recourbées en arc, ondulées et finalement ramassées en pelotons qui donnent, pour ainsi dire, de petites Zooglées dans lesquelles les cellules sont irrégulièrement disposées, par places. Au commencement, les cellules dans les cultures sont cylindriques, d'après M. von Jacksch. Elles ne semblent pas être plus longues que larges. Elles conservent cette forme pendant un certain temps, puis se réunissent en séries, forment de courts cylindres ayant l'aspect de bâtonnets et, enfin, elles s'arrondissent postérieurement.

Fig. 10 (1).

On pourrait donc, si l'on voulait, parler d'une période « en bâtonnets » bien que cette dénomination n'ajoute rien à la clarté de la description.

La présence de spores distinctes chez le Micrococcus de l'urée n'a pas été constatée.

L'expérience démontre que le *Micrococcus ureae* a besoin, pour vivre, d'être mis en présence de l'oxygène. Il ne peut donc pas, comme on l'a quelquefois prétendu, produire l'alcalinisation de l'urine à l'inté-

(1) Micrococcus ureae. Cohn. — Dans l'urine en fermentation. — Cellules isolées et files de cellules *Streptococcus*). — Grossissement 1100 fois.

rieur de la vessie, dans certains cas de catarrhes de la vessie qui ont été observés : l'oxygène nécessaire à son développement lui fait défaut dans ces conditions. Cependant on a trouvé, dans le cas des affections de la vessie où l'urine devient alcaline, une grande quantité de petites Bactéries : il faut donc admettre que ces Bactéries ont été introduites dans la vessie spontanément ou accidentellement, par l'opération du cathétérisme par exemple, et produisent, après coup, la fermentation dont il s'agit. Il faut admettre de plus que d'autres organismes, ceux-là anaérobies, sont susceptibles d'amener la fermentation de l'urée qui peut se produire en effet sous d'autres influences.

M. Miquel (1), en 1882, a trouvé, à l'appui de cette hypothèse, dans les poussières de l'air, une petite forme en bâtonnets qu'il a appelée *Bacillus ureae*, qui est anaérobie et qui donne du carbonate d'ammoniaque, comme le *Micrococcus*.

L'urine des herbivores, d'après M. Van Tieghem, contient un Micrococcus, qui transforme par hydratation, l'acide hippurique en acide benzoïque et en glycocolle ; cet organisme est peut-être identique au *Micrococcus ureae* : ce n'est qu'une hypothèse qui demande à être vérifiée par des recherches nouvelles.

(1) *Annuaire de l'Observatoire de Montsouris.*

2. NITRIFICATION.

A côté des formes qui donnent la fermentation de l'urée et qui sont liées à la production d'ammoniaque, il faut placer celles qui produisent des nitrifications ou oxydations des composés ammoniacaux avec formation de nitrates : c'est le cas de la production du salpêtre, étudiée par MM. Schlœsing et Müntz (1): elle est due à l'action de petites Bactéries spéciales.

Le salpêtre, on le sait, se forme naturellement dans les endroits humides bien aérés, où des produits ammoniacaux sont en présence d'une petite quantité de substances organiques et de corps alcalins, de sels de chaux par exemple. Il prend naissance artificiellement dans des milieux qui contiennent des composés d'ammoniaque auxquels on a mélangé un peu de terre végétale, et que l'on conserve en présence d'un excès d'air, à une température dont l'optimum est de 37° environ.

Cette formation de salpêtre s'accomplit, nous l'avons dit, sous l'influence de certaines Bactéries : elle cesse d'avoir lieu quand celles-ci sont détruites; elle se produit à nouveau quand on place ces Bactéries, obtenues avec pureté, dans des milieux convenables, sans que l'on ait besoin d'ajouter du terreau

(1) Schlœsing et Müntz. — *Comptes rendus*, t. 84, p. 301, t. 91, p. 1074. — Duclaux, — *Chimie biologique*, p. 708.

aux cultures. Remarquons qu'il s'agit ici uniquement d'une simple oxydation sous l'influence des Bactéries qui se trouvent naturellement en quantité considérable, à la surface du sol humide.

Les caractères morphologiques de ces Bactéries ne sont pas encore définis d'une manière précise.

D'après les auteurs que nous avons cités, ce sont des Micrococcus analogues au *Micrococcus aceti*. M. Van Tieghem, dans son « Traité de Botanique » leur donne le nom de *Micrococcus nitrificans*. La description qu'on en fait ne permet pas de comprendre exactement quel est leur aspect véritable et bien défini, et M. Duclaux attribue la nitrification à plusieurs formes différentes.

L'importance du phénomène appelle une étude nouvelle faite avec soin ; il faut élucider ce point important qui consiste à rechercher si la nitrification se produit sous l'action d'une espèce déterminée, ou bien si elle est due, dans certaines conditions, à des espèces multiples, isolées ou réunies.

3. FERMENTATION ACÉTIQUE (1).

Quand un liquide nutritif acide, contenant une certaine proportion d'alcool, est exposé à l'air, à une

(1) Pasteur. — Comptes rendus; t. 54, p. 265, t. 55, p. 28. — Duclaux, *Chimie biologique*, p. 501. — Nægeli. *Theorie der Gahrung*. Munich, 1879. — E. C. Hansen. — *Beitr. z. Kenntniss der Organismen, welhce in Bier und Bierwürze leben*. Meddelesler fra Carlsberg Laboratoriet. Bd. I. Kopenhague, 1882.

température un peu élevée qui atteint 30° à 40°, il se forme du vinaigre : dans ce phénomène, l'alcool est oxydé, avec absorption de l'oxygène de l'air, et tranformé en acide acétique. En même temps, le liquide se trouble plus ou moins, sa surface se couvre d'un voile mince, incolore, qui augmente peu à peu d'épaisseur. Ce voile est formé, dans le cas d'une culture pure, d'un organisme auquel on a donné les noms de mère de vinaigre, de fleurs du vinaigre, de *Micrococcus aceti*, de *Bacterium aceti*, d'*Arthrobacterium aceti*. C'est le *Mycoderma aceti* de l'ancienne nomenclature de M. Pasteur.

Il y a vingt-cinq ans que M. Pasteur a montré que cet organisme vit aux dépens des composés organiques et minéraux contenus dans le liquide et que l'alcool est transformé en acide acétique, après absorption de l'oxygène de l'air. La démonstration se fait bien simplement en prenant un liquide pur, préparé comme il a été expliqué à la page 115; on y ajoute de l'alcool, jusqu'à 4 p. 100 environ, et à 2 p. 100 d'acide acétique, puis on y met une quantité infiniment petite de l'organisme qui forme le voile superficiel. Placé à l'air et à une température convenable, le ferment acétique ne tarde pas à se développer, en convertissant l'alcool en acide acétique.

Les différents procédés employés dans la pratique pour la préparation du vinaigre, dans le détail desquels nous ne pouvons entrer, se ramènent tous à la culture du *Micrococcus aceti* à une température convenable et en présence d'une quantité d'air déterminée qui varie suivant chaque procédé. Les solutions pouvant contenir du vinaigre, comme le vin, la bière, etc., auxquelles on ajoute du vinaigre préparé par avance, sont des milieux très favorables, analogues à ceux que nous avons précédemment indiqués.

Le vinaigre qui sert à notre usage domestique, est une dissolution étendue d'acide acétique, qui renferme un nombre plus ou moins considérable de *Micrococcus aceti*. Les germes en sont d'ailleurs très répandus et l'on est toujours sûr d'en rencontrer dans les récipients qui servent à la préparation et à la conservation des liquides alcooliques. L'acétification de ces liquides, d'une manière spontanée, se fait, en somme, partiellement sous l'influence du ferment acétique.

Le *Micrococcus aceti*, comme le *Micrococcus ureae*, est, d'après les connaissances les plus récentes, un Bacterium à arthrospores assez semblable, pour la forme, au ferment de l'urée (fig. 11). Il se compose ordinairement, à l'état normal, de cellules cylindriques, qui ne sont guère plus longues que larges et dont le diamètre transversal ne dépasse pas 1,5 μ. Elles se multiplient par le procédé ordinaire de division transversale et forment souvent de longs filaments qui, dans les cultures vieilles, se désagrègent en articles distincts mais restant réunis par du mucilage.

Cette forme de Micrococcus, en cellules arrondies, se rencontre souvent avec des cellules en séries dont chacune prend l'aspect de bâtonnets, les uns allongés, les autres presque carrés : d'autres cellules sont fusiformes ou renflées en bourgeons de manière à dépasser en diamètre, dans leur plus grande largeur, de quatre fois les cellules ordinaires, et même davantage. Il ne serait pas possible de rapporter ces cellules renflées à celles qui sont plus petites, si ces deux formes ne se trouvaient réunies dans un même filament, soit alternant, soit passant de l'un à l'autre par tous les intermédiaires possibles.

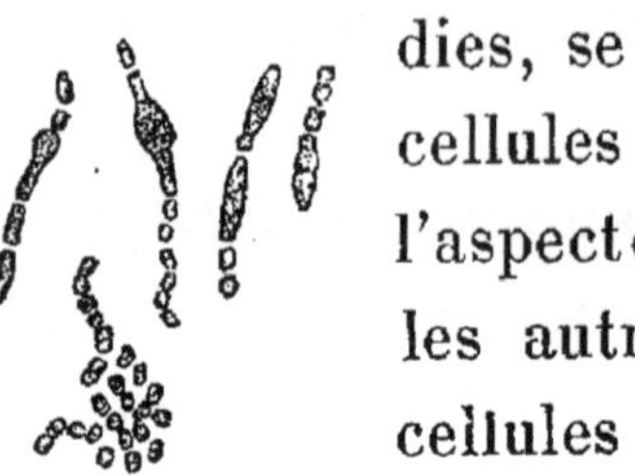

Fig. 11 (1).

On rencontre d'ailleurs ces « formes de passage » chez d'autres Bactéries : nous les avons vues réunies par M. Naegeli sous le nom de «formes d'involution» (Voir page 22). Il n'est pas facile de décider si ce sont là véritablement des formes de régression, comme le nom donné par M. Naegeli semble l'indiquer, ou bien si ce sont des formes maladives : en tout cas le Micrococcus du vinaigre ne nous permettra pas de trancher cette question.

(1) MICROCOCCUS ACETI, fleurs de vinaigre. Cellules rondes, isolées ou réunies en séries composées d'articles en bâtonnets, en fuseau ou en massue, ces dernières dans une culture conservée à 40°. Grossissement 600 fois.

Quoi qu'il en soit, ces formes se rencontrent ou non dans beaucoup de cultures, à l'état isolé; dans d'autres, elles se montrent extraordinairement nombreuses et, dans ce dernier cas, je ne les ai jamais vues me donner « l'impression que donneraient des formes incapables de se développer ultérieurement ». Il n'est donc pas possible, pour le moment, d'avoir des idées arrêtées sur leur signification dans les différentes périodes de l'évolution de l'organisme, non plus que sur les conditions de leur production et de leur disparition.

M. E. Chr. Hansen a trouvé un autre Micrococcus qu'il a appelé *Micrococcus pasteurianus*, quine diffère en rien des *Micrococcus aceti*, à cela près que, par suite d'une propriété qui se conserve dans toute la série des générations successives, ses cellules se colorent en bleu par l'iode, comme l'amidon (Voir page 13) tandis que celles du *Micrococcus aceti* se colorent en jaune sous l'action de ce réactif.

Ce fait démontre que le ferment acétique qui produit ordinairement la fermentation acétique n'est pas le seul à posséder cette propriété. En effet, on a encore observé d'autres Bactéries moins importantes qui sont capables d'être des agents d'acétification.

Le *Micrococcus aceti* peut non seulement produire du vinaigre, mais aussi le décomposer, une fois qu'il l'a formé. Quand il a converti en acide acétique tout l'alcool existant dans un liquide, il n'arrête pas pour autant sa croissance, comme l'a montré M. Pasteur : il peut continuer à vivre en oxydant à son tour l'acide acétique qu'il transforme en acide carbonique et en eau, produits ultimes de toute décomposition organique de substances hydrocarbonées.

Il n'est pas superflu de faire remarquer, bien que cela n'entre pas directement dans notre sujet, qu'il ne faut pas se servir, pour faire du vinaigre, de tous les voiles blancs qui surnagent à la surface d'un liquide pouvant se transformer spontanément en vinaigre. On connaît ces moisissures blanches qu'on trouve sur la bière ou sur le vin, souvent comme un voile rugueux, et que l'on appelle des « fleurs du vin », etc. A l'œil nu, elles ressemblent, à s'y méprendre, aux fleurs de vinaigre : mais, au microscope, on voit que ce sont des cellules de levure, relativement grosses, et qui appartiennent au *Saccharomyces mycoderma* (1). Cet organisme n'a aucun rapport direct avec la production du vinaigre. Son action sur l'alcool et les autres substances en dissolution est beaucoup plus complète : il les convertit

(1) Cet organisme, appelé plus fréquemment *Mycoderma vini* est beaucoup plus répandu que le *Mycoderma aceti*. C'est lui qui forme à la surface des vins, restés pendant quelque temps en vidange, ces pellicules blanches désignées vulgairement sous le nom de *fleurs du vin*.

Les *fleurs du vin* apparaissent facilement sur un liquide alcoolique *non acide*, riche en matières organiques dissoutes, comme le vin ou la bière. Elles s'y développent rapidement, à l'exclusion des autres orga-

du premier coup en acide carbonique et en eau. D'une manière indirecte, il contribue à l'acétification, en ce sens qu'il peut détruire un excès d'alcool et d'acide nuisibles à la végétation du *Micrococcus aceti* et préparer à ce dernier organisme un milieu favorable où il pourra désormais produire son action.

4. FERMENTATION VISQUEUSE.

Nous arrivons maintenant à toute une série d'exemples de fermentations et de décompositions produites par les Bactéries dans les sucres et les composés hydrogénés à composition analogue. Remarquons, à ce propos que si, dans la suite, nous parlons de liquides sucrés, nous supposerons chaque fois que nous voulons parler de liquides contenant en outre toutes les autres matières nutritives nécessaires à la vie des ferments.

Cela étant posé, disons d'abord quelques mots des fermentations.

nismes, en particulier du *Mycoderma aceti*, qui, semé dans ces conditions, ne tarde pas à disparaître, détruit par son congénère.

Les choses se passent autrement si le liquide alcoolique est acide. Non seulement le *Mycoderma aceti* se développe, mais il détruit à son tour le *Mycoderma vini*. Il suffit de 2 p. 100 d'acide. C'est ce qui explique la pratique, employée de tout temps dans les vinaigreries, d'ajouter du vinaigre au vin que l'on veut acétifier.

M. Pasteur, dans son beau mémoire sur la fermentation acétique, a insisté le premier sur « cette transformation et sur cette nutrition d'un mycoderme par un autre », sur ce parasitisme de ferments les uns sur les autres et sur ce remplacement d'un organisme, ayant pour conséquence une modification considérable dans la marche de la fermentation.

Lorsqu'on exprime le suc de certaines plantes contenant du sucre comme les oignons, les betteraves, etc., on le voit souvent devenir gélatineux, visqueux (1). Il se forme de l'acide carbonique et parfois de la mannite.

Ces formations sont encore dues à des organismes qui vivent dans ces matières visqueuses.

Si l'on transporte une petite quantité de ces matières dans une solution de sucre de canne, ne contenant pas d'autre germe, cette même fermentation visqueuse se produit sous l'influence des mêmes organismes qui doivent être, par conséquent, considérés comme les agents de la décomposition chimique dont nous venons de parler.

D'après M. Pasteur, ces organismes sont de deux sortes.

Les uns sont formés de *Micrococcus* réunis en chapelets et très semblables au *Micrococcus ureae*. Lorsqu'ils se trouvent seuls dans une solution sucrée, ils peuvent produire de la mannite, et de la matière visqueuse avec dégagement d'acide carbonique.

Les seconds sont formés par des cellules assez irrégulières, relativement plus grosses que le *Saccharomyces* de la bière ou levure de bière (Voir page 128) : les descriptions qu'on en a données ne per-

(1) Pasteur, Comptes rendus, T. 52, p. 344. — Van Tieghem, *Leuconostoc Ann. Sc. nat.* 6e série, T. 7. — Duclaux, *Chimie biologique*, p. 572.

mettent pas d'en déduire avec une grande netteté les propriétés morphologiques; du moins elles n'autorisent pas à placer ces organismes parmi les Bactéries. Ces gros globules donnent, dans ces solutions sucrées, de la mannite seule sans matière visqueuse.

La matière visqueuse dont il s'agit, qui est commune aux deux espèces d'organismes, semble être un hydrate de carbone de même composition que la cellulose $C^6H^{10}O^5$.

Les faits précédents qui ont besoin indubitablement d'être complétés dans une certaine mesure, montrent cependant, d'une manière très nette, que l'acide carbonique mis en liberté et la mannite sont des produits de cette fermentation. La matière visqueuse elle-même peut être considérée, avec une très grande probabilité, comme analogue aux membranes cellulaires gélatineuses ou visqueuses que nous avons si souvent rencontrées parmi les Bactéries aussi bien que parmi les Champignons, et qui entourent en abondance les Zooglées. Elle ne serait donc pas un produit direct dû à la fermentation du liquide nutritif, mais un produit d'assimilation du ferment lui-même.

5. GOMME DE SUCRERIE.

Cette hypothèse se trouve confirmée jusqu'à un certain point par les études de M. Van Tieghem et de M. Cienkowski sur le développement et la végétation du *Leuconostoc mesenterioides* ou gomme de sucrerie, désigné en Allemagne sous le nom de *frai de grenouille* (Froschlaich).

La gomme de sucrerie est capable de transformer, dans un temps très court, des cuves entières de jus de betteraves en une masse gélatineuse compacte dont la formation est une cause de pertes considérables dans les sucreries. M. Durin cite le fait d'une cuve de 50 hectolitres contenant 10 p. 100 de mélasse qui fut remplie, dans l'espace de 12 heures, d'une masse compacte de matière visqueuse composée de *Leuconostoc*.

Le développement du *Leuconostoc* nous a déjà servi d'exemple (Voir page 26), quand nous avons parlé du développement des formes à arthrospores. Reprenons-le avec quelques détails complémentaires (fig. 12).

La spore, qui a la forme d'une petite sphère (*d*), germe dans le milieu nutritif : elle apparaît d'abord entourée d'une épaisse couche de gélatine qui surpasse plusieurs fois le diamètre de la spore. Elle ne tarde pas à donner, par accroissement et divisions successives du corps protoplasmique, une rangée linéaire de cellules égales. L'enveloppe visqueuse prend part à cet accroissement, et le filament tout entier est entouré d'une assise épaisse, cylindrique, de mucilage ayant la consistance de la gélatine. Les cloisons transversales qui divisent le filament sont elles-mêmes gélatineuses, à l'état jeune ; elles remplissent entre les corps protoplasmiques d'assez larges espaces de faible réfringence et la matière

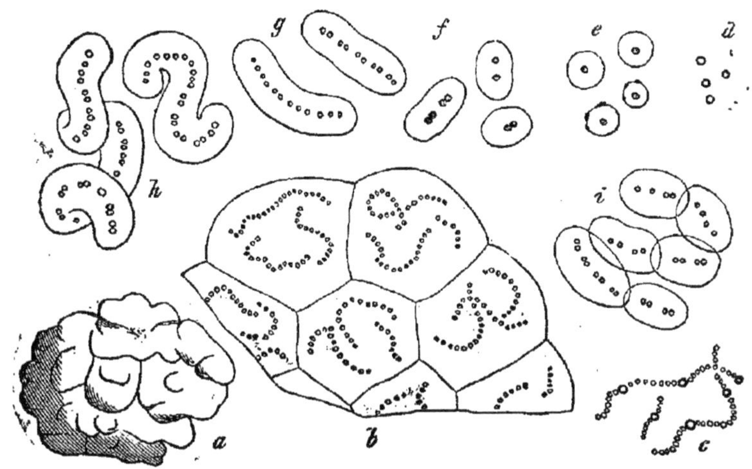

Fig. 12.

Leuconostoc mesenteroides.— D'après M. Van Tieghem, *Ann. sciences nat.* 6e série, tome 7 ; — *a*. Aspect d'une zooglée de grandeur naturelle ; — *b-i*. Grossissement 520 fois. *b*. Coupe dans une zooglée adulte avant le début de la formation des spores. *c*. Filaments avec spores, à un âge plus avancé. *d*. Spores isolées, mûres. *e-i*. Stades successifs de la germination de spores dans un milieu nutritif.—Les lettres indiquent la suite des stades successifs. En *e*, à la partie inférieure, on voit deux cas où la membrane de la spore est gonflée et se détache par un contour sombre du reste de l'enveloppe gélatineuse — *i*. Parties provenant de *h* où le Leuconostoç s'est découpé en plusieurs fragments qui se sont séparés ensuite.

gélatineuse se déverse latéralement pour aller se fondre avec la membrane extérieure (*e-i*). Les cloisons intermédiaires disparaissent dans les filaments plus âgés et les cellules du filament sont alors en contact les unes avec les autres (*b*).

Chacun des filaments issu d'une spore se recourbe peu à peu et arrive à être contourné plusieurs fois sur lui-même ou sur les filaments voisins. En même temps la gaine gélatineuse, d'abord unique, se découpe elle-même en tronçons irréguliers qui restent cependant contigus (*i*) ou adhérents les uns aux autres par quelques parties. Il se forme de la sorte des masses qui ont parfois la grosseur d'une noix et même davantage : ce sont là ces *gommes* produites en grande quantité et venant détruire le contenu des cuves, dans les sucreries. Une coupe dans ces masses, à un état un peu avancé, montre l'intérieur divisé en chambres, pour ainsi dire, par des cloisons, et renfermant des cellules en chapelets contournés (*b*).

Quand le développement est arrivé à son terme, et que le milieu nutritif est épuisé, les cloisons gélatineuses se liquéfient, les chapelets se séparent et les cellules qui les composent finissent par périr. Mais, avant ce phénomène, certaines cellules des chapelets se sont différenciées en spores distinctes, sans qu'on puisse observer un certain ordre dans cette formation : pour cela, ces cellules deviennent un peu plus grosses que les autres et s'entourent d'une enveloppe solide qui, cette fois, n'est nullement gélatineuse et qui est la membrane externe de la spore. Nous revenons ainsi à notre point de départ, à la spore une fois formée.

A côté de la reproduction par spores, il faut citer un mode de reproduction différent; c'est celui suivant lequel chaque partie du filament, quel que soit le point de la masse que l'on considère, est susceptible de reproduire un organisme nouveau.

L'épaisseur du corps protoplasmique, dans les cellules végétales, varie d'après M. Van Tieghem, entre 0,8 et 1,2 μ; celle de la cloison entre 6 et 20 μ; enfin celle des spores entre 1,8 et 2 μ.

Au moment où la spore commence à germer (*e*), l'enveloppe gélatineuse apparaît comme une dépendance de la membrane cellulaire : elle est nouvellement formée ou du moins s'accroît considérablement à l'intérieur de l'assise la plus externe, qui est elle-même détruite et rompue. Cette origine est très importante en ce qu'elle est une preuve que l'enveloppe gélatineuse est bien un produit d'assimilation formé à mesure que le filament s'accroît. La matière dont elle est formée a la même composition chimique que la masse gélatineuse produite dans la fermentation visqueuse. Les éléments qui entrent dans sa formation proviennent sans aucun doute du sucre contenu dans la solution. C'est ainsi que dans une solution de glucose, en présence de l'air et en empêchant le liquide de devenir par trop acide, M. Van Tieghem a montré qu'il disparaît environ 40 p. 100 de sucre qui sert à la formation du Leuconostoc : le reste est en grande partie employé à donner de l'acide carbonique et de l'eau, sans qu'il y ait toutefois un dégagement visible de gaz.

Dans les cultures avec du sucre de canne, il y a

inversion du sucre en glucose et en lévulose, ce qui explique les pertes causées par le développement du Leuconostoc dans les fabriques de sucre. Le sucre de canne disparaît, comme dans l'exemple précédent, en se transformant en partie en glucose, le reste, c'est-à-dire 40 à 45 p. 100, étant employé à la formation même des cellules du *Leuconostoc*.

Des productions de matières visqueuses analogues à celles que nous venons d'étudier dans la fermentation visqueuse des solutions sucrées, s'observent dans d'autres fermentations appelées vulgairement « maladies », du vin, de la bière ; ces liquides deviennent alors « filants »: c'est le terme employé communément.

Ces altérations sont, sans nul doute, occasionnées par la végétation de microcoques réunis en filaments et la matière visqueuse produite semble avoir aussi, dans ces cas, la même origine et la même signification morphologique que dans celui du *Leuconostoc*. Remarquons en passant, qu'il existe d'autres maladies du vin et de la bière qui sont dues à des Bactéries. Nous ne faisons que les signaler, nous contentant de renvoyer pour plus de détails à la lecture des « Etudes sur le vin », Paris 1866, par M. Pasteur et à ses « Etudes sur la bière », Paris 1872.

6. FERMENTATION LACTIQUE.

La fermentation lactique des sucres (1) est connue depuis longtemps : il suffit, pour la produire, d'ajouter du lait aigri ou du fromage à des liquides fermentescibles, en les exposant à l'air, à une température de 40° à 50°. La présence de carbonate de chaux ou de blanc de zinc est nécessaire pour permettre à l'acide lactique de se former sans interruption, en quantité notable, car la fermentation s'arrête dès que l'acide lactique existe dans le liquide dans une certaine proportion.

M. Pasteur a montré le premier que le fromage ou le lait introduit dans le liquide contient, entre autres substances, un organisme se développant dans le liquide qui lui sert de milieu nutritif, et dans lequel il se montre comme l'agent principal de la fermentation.

Cette fermentation est due en effet à de petites cellules cylindriques qui, au moment où elles viennent de se diviser, sont à peine une demi-fois plus longues que larges et dont le diamètre transversal ne dépasse pas 0,5 μ. Après chaque bipartition elles se séparent en général l'une de l'autre ou bien, ce

(1) F. Hueppe. — *Unters. über d. Zersetzung d. Milch. durch. Mikroorganismen.* Mittheil. aus d. Reichsgesundheitsamt, II. 309 — On y trouvera les indications bibliographiques sur le sujet.

qui arrive très rarement, restent réunies en petit nombre. Les cloisons transversales sont très nettes et se distinguent par l'existence d'un léger étranglement à leur niveau. Les cellules n'ont pas de mouvement propre.

D'après sa forme extérieure, cette espèce est analogue à celle de l'organisme du vinaigre et peut recevoir le nom de *Mirococcus lacticus* que M. Van Tieghem lui a donné. M. Hueppe admet cependant une formation de spores qui se fait, si j'ai bien compris ce qu'il veut dire, suivant le type des Bactéries à endospores. Si le fait est exact, les Bacterium de la fermentation lactique serait un très petit *Bacille* dans le sens que nous avons donné jusqu'ici à ce mot, et il devrait porter ce nom.

Ce *Micrococcus* ou *Bacillus lacticus* est toujours contenu dans le lait, quel que soit l'origine de ce dernier : cependant il faut en excepter le lait provenant directement des glandes mammaires; on l'y trouve dès que le lait commence à « tourner ».

Dans les étables, les vases employés pour recueillir le lait sont à tel point infestés des germes du Bacille, que ce dernier existe toujours dans un milieu propre à son développement. C'est là qu'il faut chercher la cause de l'altération du lait, due à une fermentation lactique agissant sur le sucre contenu dans le lait : quand l'acide lactique produit a atteint une certaine proportion, il agit lui-même sur la caséine qu'il coagule, sous forme d'une matière homogène et gélatineuse, dont la présence caractérise le lait aigre.

Les autres propriétés physiologiques de cette Bactérie du lait se trouvent étudiées avec soin dans le travail de M. Hueppe et nous y renvoyons le lecteur curieux d'avoir des détails complémentaires à ce sujet.

Ce Bacille ou ce *Micrococcus lacticus* que nous venons de décrire nous offre donc l'exemple d'un ferment très actif et très répandu dans le lait : mais ce n'est pas le seul. Le nombre des espèces de Bactéries qui existent dans le lait et qui forment de l'acide lactique en décomposant les sucres en dissolution, semble être relativement considérable. M. Hueppe seul en signale cinq qui sont tous des Micrococques. L'un d'eux nous est déjà connu sous le nom de *Mirococcus prodigiosus* (Voir page 27). Deux autres ont été trouvés par M. Hueppe dans la bouche de l'homme où ils fournissent l'acide lactique qu'on y trouve ordinairement : le Bacille de l'acide lactique, dont il a été longuement question, n'y a été rencontré qu'exceptionnellement. De nouvelles recherches sont nécessaires pour éclaircir ce sujet, pour étudier la plupart de ces formes et leur action. Cependant on peut dire déjà avec certitude que partout ou presque partout où il se forme de l'acide lactique en quantité notable, cet acide est dû à un ferment, à un Bacterium. Mais ce ferment n'est peut-être pas unique et il est possible que ce ne soit pas celui que nous avons décrit tout à l'heure comme l'agent habituel de la fermentation lactique.

C'est un fait qu'il n'est pas inutile de se rappeler quand on veut avoir en vue les cas fréquents où l'on peut rencontrer de l'acide lactique, dans un grand nombre d'aliments que l'on fait aigrir artificiellement, comme la choucroute, etc., ou bien dans ceux où l'acidité est le signe d'une altération, comme dans les légumes qui se gâtent, dans la bière et toutes les fois où l'acidité n'est pas due à la présence du vinaigre.

7. KEFIR.

C'est l'occasion de parler de nouveau d'une Bactérie dont il a déjà été question (Voir page 27), le Bacterium du Kefir, qui donne lieu à une altération intéressante du lait. Ce Bacterium est connu depuis 1882, grâce aux travaux de M. Kern (1).

Le *Kefir* ou *Kephir* est le nom d'une boisson, d'un liquide filant, mousseux et un peu alcoolique, que les habitants du haut Caucase préparent avec du lait de vache, de chèvre ou de brebis. Il ne faut pas confondre le Kefir avec une autre liqueur, appelée

(1) E. Kern. — *Ueber ein Milchferment aus dem Kaukasus.* Bot Zeitg. 1882, p. 264. — Bulletin de la Soc. d'hist. nat. de Moscou, 1882.
Hueppe. — *Ueber Zersetzungen d. Milch,* etc. Deutsche Med. Wochenschrift. 1884, n° 48 et sq.

Koumys, préparée avec du lait de jument et qui sert de boisson aux tribus nomades des steppes de l'Asie.

La fermentation qui produit le Kefir s'obtient en ajoutant au lait un organisme décrit précédemment, comme le type par excellence de la Zooglée ; il a reçu également le nom de Kefir, comme la boisson qu'il produit, ou celui de « grains de Kefir ». Les habitants du Caucase recueillent la liqueur dans des outres de cuir : l'Européen se sert plus commodément de vases en verre. Dans ce dernier cas la préparation du Kefir se fait ainsi qu'il suit :

Des « grains de Kefir » vivants et bien humectés sont mis dans du lait très frais, dans une proportion telle que l'on ait une partie de Kefir, en volume, pour six à sept de lait. Le mélange est laissé au repos, à la température ordinaire d'une chambre, pendant vingt-quatre heures, avec l'accès libre de l'air : on couvre le vase qui le contient pour protéger le liquide contre la poussière ; on agite à plusieurs reprises. Au bout de vingt-quatre heures on décante et les « grains de Kefir » peuvent servir à une nouvelle préparation.

Après avoir été décanté, le lait, que nous appellerons, si vous le voulez bien, lait fermenté, est mélangé à une quantité double de lait frais, puis il est mis en bouteilles et bien bouché. Au bout d'un ou de plusieurs jours la boisson acidulée et plus ou moins mousseuse, est prête. Elle a un léger goût acide et, comme l'indique l'épithète dont nous nous sommes servi, elle est plus ou moins riche en acide carbonique suivant la température et la durée de la fermentation : elle peut même en contenir assez pour faire éclater les bouteilles. Enfin elle renferme, nous l'avons dit, un peu d'alcool, moins de 1 p. 100 dans les expériences que nous rapportons ici, de 1 à 2 p. 100 dans d'autres cas.

L'altération du lait, qui amène la préparation de la boisson dont nous parlons, est due à l'influence combinée d'au moins trois organismes différents.

Les « grains de Kefir » se composent en grande partie, nous l'avons vu précédemment (Voir page 27), d'un Bacterium filamenteux à mucilage, qui a été nommé par M. Kern *Dispora caucasica*. Entre les différents individus de cette première espèce, dans l'intérieur de la Zooglée visqueuse, sont des groupes nombreux d'une levure semblable à la levure de bière, au Saccharomyces. Enfin on trouve encore le Bacterium ordinaire de l'acide lactique qui s'attache aux grains de Kefir en même temps que d'autres Champignons et d'autres impuretés, ou bien qui y est apporté par le lait frais versé sur les grains.

Ces organismes ou des espèces voisines sont assez connus pour que nous puissions nous faire une idée précise et vraisemblablement assez exacte de ce qui se passe dans la fermentation que nous étudions.

Le lait devient acide grâce à l'action du ferment lactique qui transforme une partie du sucre de lait en acide lactique.

La fermentation alcoolique, c'est-à-dire la présence de l'alcool et d'une bonne partie de l'acide carbonique, s'explique par l'action de la levure qui emprunte les matériaux nécessaires à son existence à une autre partie du sucre de lait.

D'ailleurs le Kefir produit cette même fermentation alcoolique soit qu'on le prenne de toutes pièces, soit que l'on isole la levure qu'il contient, lorsqu'on le place dans une solution de sucre de raisin : seulement la fermentation est moins active qu'avec la levure de bière ordinaire.

Mais l'on sait que le sucre de lait ne donne pas directement de l'alcool sous l'action des différentes levures connues et l'expérience montre qu'il en est de même avec la levure du Kefir. C'est qu'en effet la fermentation alcoolique ne peut s'accomplir que si le sucre de lait a été préalablement interverti ou transformé en sucres fermentescibles directement. D'après M. Næegeli (1), la production d'une diastase, intervertissant le sucre de lait, est très fréquente chez les Bactéries. M. Hueppe a démontré l'existence de cette inversion pour son Bacille de la fermentation lactique : ici, l'inversion nécessaire pour

(1) Naegeli. — *Niedere Pilze*, 1877, p. 12.

l'existence d'une fermentation alcoolique, sous l'action de la levure, sera fournie par le Bacille ou bien par le Bacterium qui composent la Zooglée ou encore par les deux organismes à la fois.

Nous avons vu que la boisson est très fluide. La coagulation de la caséine a bien lieu, mais de deux choses l'une : ou bien cette coagulation ne se fait pas de la même manière que dans le lait ordinaire, c'est-à-dire en masse homogène, gélatineuse et elle donne simplement de petits amas de matière, de petits flocons qui restent suspendus dans le sérum; ou bien la masse homogène formée tout d'abord se dissout ultérieurement dans le liquide. Il se produit ainsi une liquéfaction partielle, une peptonisation de la caséine primitivement formée. Cette peptonisation doit être attribuée à l'action de l'invertine sécrétée par le Bacterium de la Zooglée, car le ferment lactique ne possède pas, semble-t-il, la propriété de liquéfier la caséine et de la transformer en peptone.

Cette hypothèse qui est d'accord avec les faits contenus dans la note très courte que M. Hueppe a publiée sur ce sujet, est aussi confirmée par ce fait important que le lait fermenté, qui sert à la préparation du Kefir, contient toujours un grand nombre de levures et de cellules du ferment lactique en plein accroissement, tandis qu'il ne renferme que très peu ou pas du tout du Bacterium de la Zooglée. Les grains de Kefir retiennent vraisemblablement ce dernier organisme tandis qu'ils laissent passer la levure dans le lait. Il semble donc naturel d'admettre que la diastase sécrétée par les grains passe dans le lait fermenté où elle produit ultérieurement son action.

Je n'ai pu trouver de fait plus précis, sur ce sujet, dans les différents travaux que j'ai pu consulter jusqu'au moment où ce livre a paru.

Si nous nous arrêtons encore un instant au Kefir, nous remarquerons que le *Saccharomyces* qu'il contient, croît en bourgeonnant comme la levure de bière ordinaire et forme des groupes ou des amas de cellules dans l'intérieur ou à la surface du grain, ou bien il peut se répandre au dehors dans le liquide environnant. Il est plus petit et plus étranglé que la levure de bière; sa forme extérieure peut cependant être assez bien représentée en reproduisant la figure ci-contre (fig. 13) qui convient au *Saccharomyces cerevisiae*.

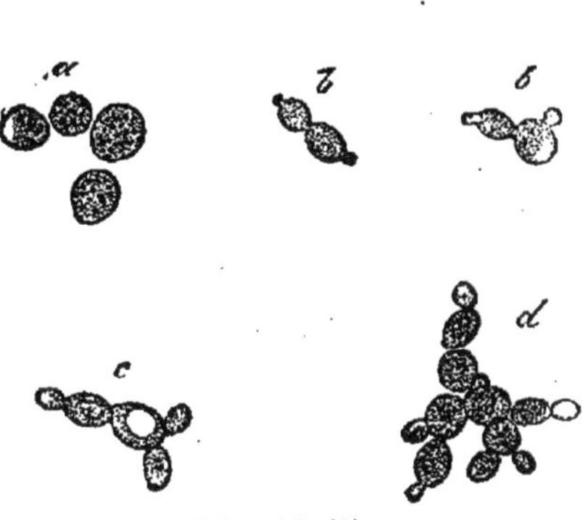

Fig. 13 (1).

Quant au Bacterium qui domine dans la composition du grain de Kefir, nous ne connaissons, autant que je sache, que sa forme végétative. Il se

(1) SACCHAROMYCES CEREVISIAE. — *a*. Cellules avant le bourgeonnement. — *b-d*. Stades successifs du bourgeonnement dans une solution sucrée. Grossissement 390 fois.

compose, comme nous l'avons déjà dit, de bâtonnets étroits, réunis en filaments qui sont eux-mêmes entrelacés et agglomérés en Zooglées par une matière gélatineuse.

L'origine des grains de Kefir a été simplement cherchée dans les outres de cuir dont les habitants des montages du Caucase se servent pour mettre leur lait : on n'a pas réussi à trouver comment leurs germes arrivent jusque-là.

Dans nos pays les grains nous arrivent à l'état sec ; c'est sous cette forme qu'on les conserve aussi dans leur pays d'origine. Leur dessiccation se fait rapidement et elle s'accomplit surtout au soleil.

Les grains secs qui nous parviennent en Europe ont en grande partie perdu toute action, autant que j'ai pu le constater par moi-même. Le grain qui est encore resté vivant pousse lentement dans le lait, comme nous l'avons déjà indiqué (Voir page 110), en s'accroissant d'une manière uniforme par multiplication simultanée de toutes ses parties. A mesure que l'accroissement se fait, il se détache de temps en temps des fragments de différentes grosseurs, ce qui amène de la sorte une multiplication active des grains. Des observations isolées m'ont fait croire à la possibilité de voir une partie de *Dispora*, provenant d'un grain, reproduire de nouveau un autre grain de Kefir : c'est un fait qui demande à être encore vérifié.

On n'a pas encore pu constater directement la formation des spores. Cependant M. Kern en parle et il a même donné au Bacterium du Kefir le nom de *Dispora* à cause de ce fait que chaque bâtonnet peut contenir deux spores qui bientôt sont réduites à une seule. Malgré des observations nombreuses, je n'ai jamais réussi à constater ce phénomène : j'ai vu, il est vrai, très souvent des formes qui correspondent aux descriptions de M. Kern, mais qui sont dues à ce qu'un bâtonnet ou une partie de filament se recourbe sur lui-même : la courbure se produit suivant la largeur, dans la partie médiane qui repose horizontalement sur la lamelle de verre. On voit, suivant le hasard de la préparation, l'une des deux extrémités qui sont arquées ou toutes les deux à la fois, ou bien l'on aperçoit le filament de profil : c'est cette disposition qui a sans doute trompé M. Kern. Si donc l'on veut employer, pour le Bacterium du Kefir, le nom de *Dispora*, je me contenterai de faire remarquer que le phénomène que ce nom semble désigner, n'existe pas.

8. BACILLUS AMYLOBACTER.

Nous allons clore la série des exemples de Bactéries qui produisent des fermentations dans des matières non azotées, en étudiant encore une des Bactéries les plus répandues, l'une des plus importantes et des plus intéressantes à cause des actions qu'elle produit : le Bacille de l'acide butyrique, le *Bacillus amylobacter*, Van Tieghem, *Bacillus butyricus*, *Clostridium butyricum* de Prazmowski (1); tels sont les quelques noms divers qu'on lui a successivement donnés.

Si je ne me trompe, M. Fitz a rattaché à cette espèce son *Bacillus butylicus* : n'oublions pas d'ailleurs que l'espèce unique que l'on considère aujourd'hui peut se trouver plus tard distinguée en plusieurs autres espèces, après que de nouvelles recherches viendront ou modifier les faits anciens ou en faire connaître de nouveaux.

Le *Bacillus amylobacter* (fig. 14) est un Bacille qui a environ un μ d'épaisseur ; il se présente sous la forme de bâtonnets étroits, cylindriques, réunis le plus souvent en courts filaments et ordinairement très mobiles. Morphologiquement, il est très facile à caractériser par la forme des cellules-mères de ses spores, qui prennent l'aspect de fuseaux, et qui, à l'intérieur de la portion la plus renflée, produisent une spore ovale ; la spore est cylindrique, à extrémités arrondies, souvent un peu arquée, entourée d'une assez large enveloppe gélatineuse et, en gé-

(1) P. Van Tieghem. — *Sur le Bac. Amylobacter*, etc. Bull. Soc. Bot. de France, T. 24 (1877), p. 128. — *Sur la fermentation de la cellulose*, id. T. 26 (1879), p. 25.

A. Prazmowski. — *Unters. über Entwickelungsgeschichte u. Fermentwirkung einiger Bacterien-Arten*. Leipzig, 1886.

Frisch. — *Sitzungsber. d. Wiener Academie*, mai 1877.

néral, beaucoup plus courte et aussi plus étroite que le renflement dans lequel elle s'est formée. Un autre caractère distinctif est la coloration, due à la présence de l'amidon ou de la granulose (Voir page 35) que présentent la plupart des cellules avant la formation des spores.

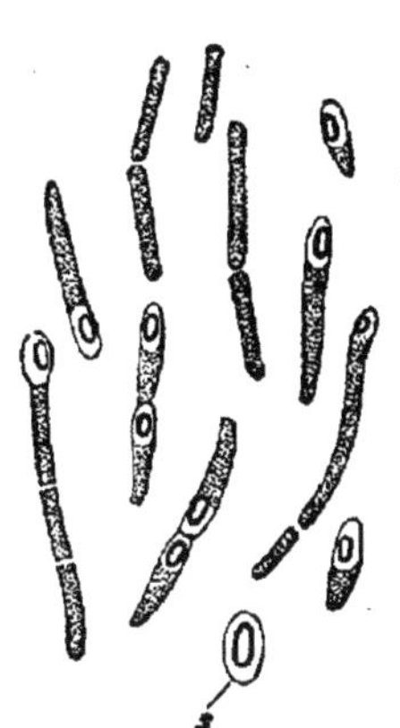

Fig. 14 (1).

De plus, il arrive habituellement que le *Bacillus amylobacter* ne forme pas un voile distinct, ou bien ne se groupe pas en Zooglées plus volumineuses, mais au moment de la production des spores, il prend plutôt la forme de « Bactéries en tête » dont il a déjà été fait mention précédemment quand nous nous sommes occupé de cette espèce de Bactérie (Voir page 35).

Du reste, le *Bacillus amylobacter* se présente sous des aspects très divers : les formes différentes des cellules qui donneront les spores sont réunies très souvent dans la même préparation, comme on le voit dans la figure 14.

Les conditions dans lesquelles il est ordinaire-

(1) Bacillus Amylobacter. — Bâtonnets mobiles, les uns cylindriques et sans spores, les autres renflés d'une manière particulière et avec spores dans les parties renflées. Grossissement 600 fois. — *s.* Grossissement plus considérable montrant une spore mûre, rendue libre après gélification de la membrane de la cellule-mère, et possédant elle-même une épaisse enveloppe gélatineuse.

ment, font considérer le *Bacillus amylobacter* comme un type des ferments *anaérobies* de M. Pasteur (Voir page 97), bien qu'il puisse continuer à vivre en présence de l'oxygène. Quand il est anaérobie, il est l'agent principal des fermentations butyriques dans les solutions sucrées, c'est-à-dire des fermentations dans lesquelles l'acide butyrique est le produit principal, à côté d'autres composés qui varient un peu suivant les différentes substances fermentescibles en présence, comme l'ont montré les recherches de M. Fitz.

On peut admettre que c'est ce même *Bacillus amylobacter* qui produit la fermentation butyrique des lactates, malgré l'opinion contraire de M. Fitz. C'est un fait sur lequel il faudrait revenir.

Comme agent de la fermentation butyrique, le *Bacillus amylobacter* joue un rôle important dans l'économie domestique, en aidant à la préparation, ou mieux à l'altération de certains aliments; c'est ainsi qu'il produit en grande partie la fermentation du fromage et qu'il achève sa préparation nécessaire avant qu'il ne soit prêt pour l'usage de la table.

Le *Bacillus amylobacter* est, en outre, comme l'a montré M. Van Tieghem, un agent très actif de décomposition des plantes dont il détruit la cellulose dans les membranes cellulaires. A la vérité, il ne s'attaque pas à toutes les membranes indifféremment; c'est ainsi qu'il n'a aucune action sur les membranes subérifiées, les vaisseaux du liber, les plantes aquatiques submergées, les mousses, un grand nombre de Champignons ; il agit de préférence sur les membranes des tissus charnus, parenchymateux, comme chez les feuilles, l'écorce, les tiges herbacées, les tubercules, etc. La destruction de la cellulose se fait, dans ce cas, au moyen d'une diastase sécrétée par le Bacille qui transforme la cellulose en dextrine et en glucose, ce qui permet à la fermentation butyrique de se produire.

La plupart des grains d'amidon ne sont pas attaqués par le Bacille amylobacter, à l'exception de l'empois d'amidon et des matières amylacées solubles. L'altération et la destruction des organes végétaux, maintenus humides, se produisent le plus souvent à la suite de son action : c'est ce qui arrive dans quelques cas, mis à profit par l'industrie humaine, comme la macération et le rouissage du lin, du chanvre et d'autres plantes textiles employées aux usages domestiques. Il en est de même, d'après MM. Reinke et Berthold, de la décomposition putride, dans l'eau, des pommes de terre gâlées.

D'après M. Van Tieghem, le ferment butyrique joue un rôle important dans la nutrition des ruminants, à laquelle il concourt puissamment en transformant, dans l'estomac de ces animaux, la cellulose du fourrage en des composés solubles et assimilables.

M. Van Tieghem a émis en outre cette opinion très vraisemblable que le ferment butyrique a été un agent très puissant de la destruction de la cellulose depuis la période géologique de la houille. Des préparations de plantes fossiles, qui ont été silicifiées après avoir subi une macération plus ou moins prolongée, permettent de suivre, dans des coupes minces, la même série de phénomènes amenant la destruction de la cellulose, que dans la macération des plantes qui s'opère actuellement. On a pu même reconnaître des traces d'un Bacterium que M. Van Tieghem a identifié avec le *Bacillus amylobacter*.

L'action destructive du *Bacillus amylobacter* s'étend encore à d'autres substances que celles que nous avons considérées jusqu'ici et qui sont exemptes d'azote; c'est ce qu'ont prouvé les recherches de M. Fitz, dont nous avons déjà parlé et dont nous recommandons l'étude pour avoir sur ce sujet des détails plus circonstanciés. Nous parlerons bientôt de son action sur les matières albuminoïdes.

Il n'est pas douteux que la plus grande partie des fermentations butyriques qui se produisent, sont dues à l'action du ferment butyrique : cependant on ne peut assurer, d'une manière absolue, qu'il occasionne seul toutes les fermentations dans lesquelles le produit principal est l'acide butyrique.

M. Fitz décrit comme ferment de l'acide butyrique, dans le lactate de chaux et différents sucres, un gros Micrococque rond, en chapelets et un Bacterium en bâtonnets courts, sans endospores. Il est d'ailleurs le seul à rapporter ces faits. Il avait précédemment soutenu que le *Bacillus subtilis* donne de l'acide butyrique dans de l'empois d'amidon et il recommandait ce procédé de fermentation comme très pratique pour la production de l'acide butyrique : son opinion reposait sans aucun doute sur une erreur dans la détermination de l'espèce de Bactérie qu'il observait. Le *Bacillus subtilis* typique, celui de M. Brefeld et de Prazmowski, n'a rien à faire avec celui de M. Fitz, car Prazmowski assure, de la manière la plus formelle, que le *Bacillus subtilis* ne produit aucune fermentation dans l'empois d'amidon.

On ne peut guère citer, à l'appui de l'opinion de M. Fitz, l'argument donné par M. Vandevelde (1) de l'action du *Bacillus subtilis* dans l'extrait de viande, la glycérine, le sucre de raisin; lorsque tout l'oxygène a été consommé, il produit une légère fermentation qui donne un peu d'acide butyrique. Ce fait n'a pas, dans cette discussion, l'importance qu'on croirait devoir lui attribuer, puisqu'il ne s'agit que de la production de l'acide butyrique, en quantité très faible, tandis que M. Fitz parle au contraire d'une formation d'acide en très grande abondance.

(1) Vandevelde. — *Studien z. Chemie d. Bacillus subtilis*. Zeitschr. f. physiol. Chemie, T. 8, 367.

Des données morphologiques précises font donc défaut pour décider d'une manière certaine à quelle espèce appartient le *Bacillus subtilis* de M. Fitz qui produit la fermentation de l'amidon.

Cette question ne pourra donc être résolue pour le moment. A ce propos qu'on me permette de faire remarquer qu'il existe un certain nombre de Bacilles saprophytes, à endospores, qui ressemblent au *Bacillus subtilis*, et qui ont été certainement confondus plus d'une fois avec ce dernier. On ne sait d'ailleurs pas grand'chose sur les fermentations produites par ces Bacilles.

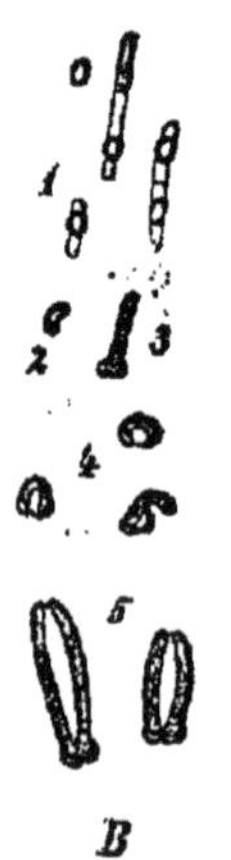

Fig. 15 (1).

Le *Bacillus subtilis* de Brefeld et de Prazmowski, que je désigne ainsi, pour mieux me faire comprendre, se distingue, d'après ces observateurs, d'une manière précise, par un ensemble de caractères qui ont été donnés dans une précédente leçon, par sa germination (Voir page 40), par son groupement en un voile superficiel, irrégulièrement ridé, avec des replis en

(1) *B*. BACILLUS SUBTILIS.— 1. Portion de filament avec spores mûres. — 2. Début de la germination d'une spore : la membrane externe est déchirée transversalement. — 3. Bâtonnet jeune sortant de la spore, dans sa position ordinaire, sur le côté. — 4. Premier bâtonnet recourbé en fer à cheval et devant libre plus tard à l'une de ses extrémités. — 5. Bâtonnets du stade précédent recourbés encore à leurs extrémités. Grossissement 600 fois.

zigzag et donnant finalement, à la surface du liquide nutritif, des spores ovales, relativement grosses.

9. FERMENTATION DES MATIÈRES ALBUMINOÏDES.

Les décompositions qui se produisent dans les matières albuminoïdes et qui les transforment en une espèce de gelée, surtout celles qui ont lieu avec dégagement de gaz et que l'on désigne vulgairement sous le nom de *putréfactions*, s'accomplissent aussi, sans aucun doute, sous l'influence des Bactéries. D'après les faits que l'on connaît, les différents phénomènes qui se passent dans ces putréfactions et la part qu'y prennent les différentes espèces de Bactéries, sont très variables, on peut le prévoir sans peine. L'étude de ces phénomènes, celle de l'influence des Bactéries et des formes diverses qu'affectent ces organismes, dans le cours de leur action, commence à peine à être abordée.

Tout d'abord, nous ferons remarquer une action intéressante due à certaines Bactéries seulement, par exemple au *Bacillus subtilis*, au *Bacillus megaterium* : nous voulons parler de la liquéfaction de la gélatine, sous leur influence.

Nous avons à citer ensuite une Bactérie, que nous avons déjà bien souvent rencontrée : le *Bacillus amylobacter*.

D'après les travaux de M. Fitz et de M. Hueppe, le ferment butyrique agit sur la caséine du lait, par l'intermédiaire d'une diastase sécrétée par le Bacille, de manière à produire un effet analogue à celui de la présure ou caille-lait. Il y a coagulation, puis liquéfaction et transformation en peptone d'abord et ensuite en d'autres produits de dédoublement plus simples, comme la leucine, la tyrosine et enfin l'ammoniaque.

Le liquide prend, sous l'influence de ces différents composés, un goût d'amerture plus ou moins prononcé.

Une action analogue, pour ne pas dire identique à celle du ferment butyrique, a été trouvée par M. Duclaux, dans la caséine du lait, chez des Bacilles qu'il appelle des *Tyrothrix* (Voir page 95) et que l'on peut placer à côté des *Bacillus amylobacter* aussi bien à ce point de vue qu'au point de vue morphologique.

Le *Tyrothrix tenuis*, par exemple, produit d'abord la coagulation du lait, puis la liquéfaction, et donne enfin de la leucine, de la tyrosine, du valérianate et du carbonate d'ammoniaque.

Il n'y a pas de doute que ces différentes modifications, aussi bien que celles qui s'en rapprochent, ne nous donnent une idée de ce qui se passe quand le lait coagulé se transforme pour donner le fromage : dans ces divers phénomènes, les Bactéries que nous avons citées, jouent un rôle important, et il est intéressant de les chercher dans le fromage qui les contient.

M. Bienstock (1) a recherché les Bactéries qui se trouvent dans les excréments de l'homme. Il a montré que les résidus alimentaires renferment, à côté d'autres formes qui n'interviennent pas ici, un Bacille qui se montre d'une manière constante, et qui est, pour M. Bienstock, le ferment principal de la putréfaction de ces matières, mais qui est aussi le ferment de l'albumine et de la fibrine.

Placé dans des cultures pures, ce ferment agit à lui seul sur les matières albuminoïdes, en particulier sur la fibrine qu'il transforme successivement en produits de décomposition, dont il a été question, jusqu'à l'amener à se décomposer finalement en acide carbonique, en eau et en ammoniaque. Si on le fait agir sur l'un des composés intermédiaires qu'il produit, par exemple sur de la tyrosine, il la décompose en la faisant passer par toute la série régulière des différents produits que nous avons cités.

Aucune des autres Bactéries, que M. Bienstock a étudiées, n'a montré les mêmes propriétés.

La caséine, aussi bien que les albuminates alcalins formés artificiellement, ne sont pas modifiés par le Bacille de M. Bienstock. La caséine même semble rester complètement inaltérée. Lorsque le Bacille fait défaut, comme dans l'intestin des enfants

(1) Bienstock. — *Ueber die Bacterien der Faeces.* Zeitsch. f. Klin. Medicin, t. 8.

à la mamelle, la fermentation qui l'accompagne fait aussi défaut et les déjections intestinales n'ont pas d'odeur caractéristique.

Pour ce qui regarde les propriétés morphologiques de ce ferment des matières albmuninoïdes, il ressort des descriptions du même auteur que c'est un Bacille à endospores, assez semblable pour la forme, au moins pendant la production des spores, au *Bacillus amylobacter* : il est mobile comme ce dernier, il est composé de ce que nous avons appelé des « Bactéries à tête » que l'auteur compare à des baguettes de tambour. Il est cependant plus petit que le *Bacillus amylobacter* et même que le *Bacillus subtilis*. Du reste, il n'est pas possible, d'après les descriptions et les résultats de M. Bienstock, de se faire une idée bien nette de l'évolution complète de cet organisme : ce sujet demande des recherches nouvelles.

Il y a lieu, en particulier, de rechercher jusqu'à quel point se confirme cette espèce de monopole que possède le Bacille « en forme de baguettes de tambour » de produire la fermentation indiquée. En effet, les résultats obtenus à ce propos ne peuvent donner une conviction complète, surtout si l'on se rapporte à ce qui se passe dans d'autres fermentations connues.

Ce n'est pas que je veuille fournir des arguments certains contre cet exclusivisme attribué au Bacille dont nous parlons, car des déterminations absolument précises des espèces sont encore trop peu sûres, pour ne pas admettre, comme une chose possible, que le Bacille de Bienstock n'existe bien réellement, en même temps que d'autres formes, et que, lorsqu'il existe, il ne produise véritablement l'action qu'on lui attribue. Mais je veux dire seulement que l'on peut au moins faire quelques réserves à ce sujet, d'autant plus qu'il est généralement reconnu que le ferment ordinaire des matières albuminoïdes est le *Bacterium termo* (1).

M. Cohn exprime cette dernière opinion de la manière la plus formelle lorsqu'il assure qu'il est arrivé à cette conviction complète que le *Bacterium termo* est le ferment de la putréfaction au même titre que la levure de bière est celui de la fermentation alcoolique, qu'aucune putréfaction ne commence sans le concours du *Bacterium termo* et ne se continue sans amener la multiplication de cet organisme ; qu'enfin, le *Bacterium termo* est le premier agent de la putréfaction et qu'il est le ferment saprogène par excellence.

Ces principes semblent devoir perdre de leur généralité en présence des faits contradictoires cités par M. Bienstock : on pourra dire aussi que le mot de « putréfaction » avait été employé sans que l'on ait précisé bien exactement les phénomènes de dédoublement qui se produisent ni la qualité des

(1) Cohn. — Loc. cit. *Beitr.*, etc., T. 2, page 169.

matières qui se putréfient. Cela est vrai; mais il est aussi hors de doute qu'en employant le mot général de « putréfaction » on a en vue ce que l'on désigne communément par ce terme de « putréfaction des matières albuminoïdes »: parmi celles-ci on place certainement la viande de boucherie; d'autre part il est non moins certain que le *Bacterium termo* existe constamment dans les substances où s'accomplissent ces sortes de phénomènes.

Il reste à savoir exactement ce que l'on entend par *Bacterium termo*, d'autant plus que la Bactériologie actuelle passe complètement sous silence cette ancienne dénomination tombée en désuétude. Elle se fonde pour cela sur la difficulté que l'on a de savoir au juste ce que Dujardin, Ehrenberg et d'autres entendaient par ce mot il y a une trentaine d'années. Ce que M. Cohn a décrit, sous ce nom, en 1872, est une forme très répandue et très distincte. On l'obtient aisément en abandonnant à elles-mêmes, dans l'eau, des graines de légumineuse quelconque, on en obtient une culture en mettant une goutte de l'eau qui s'est altérée dans ce qu'on appelle le liquide de Cohn (1). En transportant, à

(1) Le liquide de Cohn (Voir *Eidam. Cohn's Beitr.*, t. 3, p. 270), a la composition suivante :

Phosophate de potasse.	1 gr.
Sulfate de magnésie.	1 —
Acétate neutre d'ammoniaque.	2 —
Chlorure de potassium.	0,1
Eau.	200 —

plusieurs reprises, une goutte du liquide infesté dans un liquide nouveau, on arrive à obtenir une culture suffisamment pure du *Bacterium termo*.

Cet organisme prend, dans les cultures, un aspect caractéristique : dans les premiers jours, le liquide devient peu à peu trouble et laiteux, puis sa surface se recouvre d'un voile légèrement vert, où la Bactérie s'est réunie en quantité notablement considérable. La culture dans de la gélatine est impossible, car cette substance devient fluide presque immédiatement sous l'action rapide du Bacterium.

Au microscope, le *Bacterium termo* se présente sous la forme de cellules petites, en bâtonnets, mesurant, d'après M. Cohn, 1,5 μ de longueur et une demi-fois ou un tiers autant de largeur ; la bipartition y est excessivement active et les cellules sont réunies par paires, rarement en séries plus nombreuses. Il ressemble ainsi au *Microccus lacticus;* il en diffère par des dimensions un peu plus considérables, mais surtout par une mobilité considérable dans le liquide où les cellules isolées se trouvent suspendues. Le mouvement se fait souvent en arrière et dans l'un ou l'autre sens.

Il ne tarde pas à se produire, à la surface du liquide, des agrégats de Zooglées, sous forme d'une peau gélatineuse verdâtre, dans laquelle les cellules sont immobiles. M. Cohn a décrit, dès 1853, le passage de l'un à l'autre de ces deux états.

On n'a pas observé chez le *Bacterium termo*, une formation caractéristique de spores; il semble qu'il faille le ranger parmi les espèces à arthrospores. L'incertitude que l'on a à ce sujet, fait désirer que l'on fasse des recherches nouvelles. Elles nous montreront, sans aucun doute, ce qu'il faut penser de la propriété que l'on semble reconnaître à cet organisme d'être l'agent de la fermentation putride.

Le *Bacterium termo* clôt la série des exemples des Bactéries saprophytes que nous nous étions proposé d'étudier.

Xe LEÇON.

BACTÉRIES PARASITES. — CARACTÈRES DU PARASITISME.

Nous allons passer maintenant à la seconde catégorie de Bactéries que nous avons distinguée précédemment : les Bactéries parasites.

On donne le nom de *parasites*, en Biologie, à des êtres vivants qui habitent à la surface ou dans l'intérieur d'autres organismes et qui se nourrissent de leur substance. L'animal ou la plante chez qui le parasite habite et dont il se nourrit est appelé son hôte, son commensal, etc. On connaît des parasites appartenant à des classes très différentes du règne animal ou du règne végétal, et l'on a pour quelques-uns d'entre eux, des connaissances assez précises de leurs propriétés et de leurs caractères. Il me suffira de citer les vers parasitaires de l'intestin, d'une part et, de l'autre, parmi les plantes, toute la multitude des Champignons parasites proprement dits.

L'étude de ces êtres, relativement facile pour

quelques formes, a montré qu'ils sont soumis à des variations excessivement étendues, dans leurs modes d'existence, à des dégradations très diverses qui changent de nature d'un cas à l'autre, c'est-à-dire d'une espèce à l'autre; ces modifications s'accomplissant sous l'influence plus ou moins considérable de la vie parasitaire d'une part et, d'autre part, sous l'action variable des échanges qui se font entre le parasite et son hôte.

Un exposé plus complet de ces variations nous conduirait beaucoup trop loin, si peu que nous voulions l'aborder en détail. Il nous semble cependant indispensable d'indiquer les points principaux qui caractérisent les parasites pour pouvoir nous diriger dans notre étude des Bactéries parasitaires.

En nous rapportant à la définition que nous avons donnée de la vie parasitaire, nous voyons tout d'abord que si nous plaçons à l'extrémité d'une ligne les Saprophytes, nous aurons à placer à l'extrémité tout opposée, les Parasites proprement dits, c'est-à-dire les êtres qui ne peuvent accomplir toute leur évolution autrement qu'à l'état parasitaire, et qui ne passent jamais par la phase de Saprophytes. Parmi ces parasites vrais, auxquels fait complètement défaut une période d'existence à l'état de Saprophytes, nous citerons, pour ne parler que des plus connus : les Entozoaires, comme la Trichine, le Ténia; parmi les Champignons : les *rouilles* ou

Urédinées qui sont parasites sur certaines plantes. Tous ces êtres ne vivent, rigoureusement parlant, que dans leurs hôtes et de leurs hôtes.

On peut concevoir la possibilité de voir se reproduire artificiellement ou spontanément, les conditions d'existence d'un parasite, en dehors du corps de son hôte : ce serait, dans tous les cas, une expérience intéressante et instructive que celle qui ferait développer un Ténia à partir de l'œuf, à l'aide d'une solution nutritive. Pratiquement, l'expérience n'a pas été tentée et l'on n'a pas d'exemple qu'elle se soit faite dans la nature. On peut donc dire qu'il y a là un parasitisme rigoureusement obligatoire.

Nous disons « *rigoureusement obligatoire* », car il existe une variété de parasitisme dans laquelle la vie parasitaire est nécessaire pendant l'évolution tout entière de l'espèce : dans d'autres cas, elle peut souvent se faire d'une manière factice, c'est-à-dire que l'organisme parasite peut, pendant une certaine période de son existence, vivre à l'état de Saprophyte. Le règne animal ne me fournit pour le moment aucun exemple bien connu : il en existe cependant.

Parmi les plantes, je citerai des champignons du genre *Cordyceps* dont il existe plusieurs espèces qui habitent dans le corps de certains insectes, des chenilles en particulier. Ils nous fournissent un exemple remarquable à l'appui de ce que nous disons.

Les spores du *Cordyceps* germent sur le corps des

chenilles, envoient des prolongements dans l'intérieur de l'animal, s'y développent avec une grande énergie et finissent par faire mourir la chenille; aussitôt après sa mort, le corps de l'insecte tout entier devient la proie du Champignon qui y étend, dans tous les sens, ses tubes mycéliens. Quand les conditions deviennent favorables, il se forme des pédoncules, parfois longs de plusieurs pouces, qui portent les éléments destinés à reproduire le Champignon, autrement dit les spores. Celles-ci sont le point de départ d'un nouveau cycle de développement qui se fait, comme précédemment, dans le corps d'un insecte vivant.

Il peut arriver qu'une spore ne rencontre pas le corps d'un insecte : elle n'en germe pas moins si elle trouve à sa portée une substance organique morte qui puisse lui servir de nourriture, un liquide nutritif par exemple. La spore germe et se développe en un Champignon nouveau : seulement il ne se forme pas, dans les organes reproducteurs, des spores analogues à celles que nous avons indiquées précédemment.

Les spores formées peuvent continuer à reproduire la plante dans un milieu nutritif : lorsqu'elles arrivent sur le corps d'un insecte, elles se développent de manière à reproduire la suite des phénomènes dont nous avons parlé tout d'abord, qui se terminent par la formation des spores de première espèce.

Nous avons ainsi des parasites capables de poursuivre toute leur évolution, comme s'ils étaient saprophytes, mais sans arriver exactement au dernier terme de leur évolution qui est la formation des éléments particuliers de reproduction ; cependant, ils parcourent une partie très notable du cycle habituel. On peut les nommer, pour abréger, des *Saprophytes facultatifs*.

En troisième lieu, l'on peut distinguer les *Parasites facultatifs*. Ce seront les espèces qui peuvent supporter les deux modes d'existence, celle des Saprophytes aussi bien que celle des Parasites et qui, dans les deux cas, sont susceptibles de se développer également ou presque également bien. Cette dernière restriction qu'il nous faut faire, nous fait prévoir que cette catégorie de parasites comprend des variations, quelques espèces trouvant des conditions plus favorables quand elles sont parasites, d'autres, au contraire, quand elles deviennent saprophytes ; il en est enfin qui ne laissent voir aucune différence dans leurs deux manières de vivre.

Les Champignons nous fournissent des exemples nombreux de ces modifications du parasitisme facultatif. Nous ne tarderons pas non plus à en rencontrer chez les Bactéries.

Indépendamment de ces variations que nous avons signalées dans le parasitisme et qui sont différentes suivant chaque cas que l'on considère, il nous reste à voir les modifications qui résultent des rapports entre le parasite et son hôte, la dépendance qui existe de l'un à l'autre, l'avantage ou le désavantage que le premier tire du second.

L'exemple de la Trichine nous a habitués à ne considérer ces rapports que sous l'une de leurs faces, en partant de cette idée que c'est le parasite qui trouve, dans l'être vivant, tous ses moyens d'existence, et que, d'autre part, sa présence ne peut que nuire à son hôte, à cause des pertes de substances utiles que cette présence occasionne forcément et à cause des troubles physiologiques ou mécaniques qui en sont aussi la conséquence. L'existence de pareils troubles dans un organisme, dont on peut chaque fois qu'on le veut, déterminer les conditions de santé normale, porte le nom de *maladies*. Par suite, le parasite qui occasionne ces perturbations sera un agent de maladie, un organisme *pathogène*.

Le parasite peut continuer à se développer après avoir quitté l'hôte qu'il a rendu malade, à l'aide de germes, d'œufs, de spores ou de tel autre mode de reproduction et de propagation qu'il possédera et il rend malades à leur tour les êtres nouveaux sur lesquels il se porte.

Les maladies qui ont pour origine la présence de ces sortes de parasites, et qui peuvent se propager d'un individu à l'autre, sont dites communément des maladie *contagieuses*.

Ces derniers parasites, causes de maladies et nuisibles dans tous les cas, ne sont que des exemples extrêmes pris dans ceux que nous connaissons. Il en est d'autres où les deux parties intéressées, hôte et parasite, mènent une vie commune avec un égal avantage, et tous les termes de passage existent entre ces cas extrêmes.

Il y a enfin des cas où le parasite vit dans l'hôte sans lui nuire et sans lui être non plus d'aucune utilité appréciable. Il se borne à se nourrir des détritus que lui laisse son hôte, de ses matières d'élimination. C'est un cas extrême de cette catégorie, qui se place naturellement à la limite des phénomènes de parasitisme et nous aurons à revenir sur ces parasites que nous appellerons simplement des *commensaux*.

Si nous reprenons l'ensemble des différentes catégories que nous avons établies, parmi les divers parasites, en partant de principes différents pour chacune d'elles, nous pourrons ajouter un fait plus ou moins connu de la plupart d'entre nous, et qui est le suivant : une espèce parasitaire peut, comme on dit, « faire un choix » parmi les différents hôtes qu'elle est susceptible d'occuper, c'est-à-dire que l'un peut lui convenir plus ou moins complètement, lui être plus ou moins favorable ; un autre, au contraire, lui être nuisible ou être simplement moins favorable à son développement que pour une autre espèce parasitaire voisine. Là aussi nous retrouverons tous les intermédiaires que l'on puisse concevoir.

Considérons tout d'abord le cas où un hôte a été choisi particulièrement par une espèce parasitaire. Nous en trouverons un exemple remarquable dans un Champignon, rigoureusement parasitaire, qui l'est constamment et sans réserve : le *Laboulbenia Muscae*, dont nous avons déjà parlé à la page 71. Il croît exclusivement et uniquement sur les mouches domestiques et ne peut pousser sur d'autres insectes, du moins d'après ce qui résulte de toutes les recherches actuellement connues.

D'autres Champignons, parasites d'ailleurs, sont moins exclusifs, en ce sens qu'ils peuvent choisir des hôtes plus nombreux que dans le cas précédent, tout en restant cependant dans des êtres qui ont entre eux quelque affinité, comme les espèces d'un même genre ou d'une même famille. Nous citerons de nouveau, à ce propos, les espèces de *Cordyceps* qui vivent dans les larves des papillons les plus divers ainsi que dans celles d'autres insectes.

Il arrive parfois que, dans ce choix qui est fait par le parasite, certaines espèces sont exclues sans que nous puissions nous rendre compte des raisons de cet ostracisme.

Il existe enfin des parasites soit obligatoires soit facultatifs, qui se développent sans obstacle chez les hôtes les plus différents. Je n'ai besoin que de prononcer, pour en donner un exemple, le nom de la Trichine que l'on rencontre, dans le même état de prospérité, chez les rongeurs, les porcs, les hommes, etc.

Les Champignons offrent tout autant que les animaux des exemples de ce fait.

Il n'y en a pas moins quelquefois de curieuses exceptions dans des espèces qui, sans motif déterminé, sont épargnées par les parasites. C'est ainsi que, pour ne citer qu'un seul cas, un Champignon bien connu par sa remarquable polymorphie, le *Phytophthora omnivora*, infeste les plantes les plus hétérogènes : les Œnothérées et d'autres plantes herbacées, des fleurs de jardin, la Joubarbe, le Hêtre, etc. ; mais il vient très mal dans la pomme de terre chez qui se développe, au contraire, avec une grande énergie, son congénère, le *Phytophthora infestans*.

Il n'est pas possible jusqu'à présent, nous le répétons, de trouver les causes précises de ces anomalies. Il s'agit sans aucun doute, il est à peine besoin de le dire, de propriétés physiques et chimiques différentes et de variations physiologiques quand on passe d'une plante à l'autre.

Si le choix dépend en quelque sorte de l'espèce, il doit dépendre aussi, dans une certaine mesure, de l'individu, car les distinctions qui s'établissent entre deux espèces ne diffèrent guère de celles qui s'établissent entre deux individus d'une même espèce : c'est ce que l'on peut soutenir sinon en principe, du moins en fait, comme une simple différence de valeur dans le degré. Ces distinctions sont plus faibles ici que celles qui existent entre deux individus, elles seraient donc moins appréciables, parfois à peine perceptibles, mais ici comme partout ailleurs les termes de passage ne manquent pas.

Si nous reprenons en sens inverse toute la longue série de phénomènes occasionnés par le parasitisme, c'est-à-dire, non plus par rapport au parasite, mais par rapport à leurs hôtes, nous trouverons que ces derniers sont, d'espèce à espèce et d'individu à individu, appropriés, disposés et prédisposés d'une manière différente aux attaques des parasites.

Nous pouvons alors parler des prédispositions d'une espèce, d'un individu qui varient même avec les différentes périodes de sa vie, de son développement. Elles ont leur source, dans tous ces cas divers, dans des propriétés chimiques, physiques et anatomiques variables.

Pour certains Champignons qui vivent sur des plantes, comme les *Pythium*, les *Sclerotium*, etc., on observe que les individus différents d'une même espèce de plante résistent plus énergiquement au parasite et se comportent mieux suivant la quantité d'eau qu'ils reçoivent et qu'ils possèdent. Et comme les plantes jeunes, en général, contiennent beaucoup plus d'eau que celles qui sont vieilles, on s'explique l'influence de l'âge sur la résistance au parasitisme.

Dans les cas où la présence du parasite occasionne dans la marche normale des phénomènes vitaux chez l'hôte, une certaine perturbation qui porte le nom de maladie, au lieu de parler simplement de prédisposition individuelle, on parle de prédisposition générale à la maladie. On peut, jusqu'à un certain point, se servir de ce terme, en ayant soin de faire dépendre cette prédisposition de la présence du parasite et des changements qui en résultent dans l'organisme auquel on a, par expérience, appliqué le nom d'organisme sain. Mais il faut bien se garder d'attribuer à cette prédisposition que possède l'organisme sain à subir les attaques du parasite une autre signification, et croire qu'il peut y avoir état maladif, même après que le parasite a disparu. Pour réfuter cette opinion il suffit de se reporter à l'exemple cité plus haut de la prédisposition qui peut varier avec l'âge. D'ailleurs, on trouve des différences nombreuses suivant les cas et, dans chaque type, il faut beaucoup de prudence avant de se prononcer définitivement sur la question de « prédisposition ».

Un exemple nous fera mieux comprendre ce que nous voulons dire. Il s'agit d'un cas relativement bien connu. On sait que le cresson alénois ordinaire ou *Lepidium sativum* est souvent attaqué par un Champignon parasite d'assez grande taille, le *Cys-*

topus candidus. Il s'ensuit dans la plante des altérations notables : sa surface se boursoufle, sa tige se tord, ses fruits même sont atteints : les points malades, aussi bien que les feuilles, sont garnis de taches blanchâtres, formées de grains d'une fine poussière qui ne sont autres que les organes de la reproduction, les spores du *Cystopus,* et qui ont fait donner à la maladie le nom de rouille blanche du cresson.

C'est là un diagnostic si évident de la maladie, que tout le monde peut le faire à première vue. Or il existe, dans une plate-bande de cresson prise au moment de la floraison, un certain nombre de plantes malades, de deux à vingt par carré. Toutes les autres autour de celles-ci, et elles se comptent par centaines et par milliers, sont bien portantes, ne présentent pas trace de parasites et restent dans cet état jusqu'à la fin de la végétation. Il en est ainsi, bien que le *Cystopus,* dans ses boursuflures de « rouille blanche » ait produit un nombre infini de spores, formant une poussière très menue, qui peuvent se développer aussitôt et qui semblent avoir, en réalité, toutes les conditions nécessaires à leur premier développement, puisqu'elles se trouvent placées dans un lit de cresson, éminemment propre à prendre la rouille. Cependant la plus grande partie des plantes reste indemne, n'est pas contaminée.

Tout ce que nous venons de dire est rigoureusement exact et, en se bornant à ces premières observations, il semble qu'on doive y trouver un exemple frappant des différentes prédispositions individuelles, chez les plantes, puisque les unes sont atteintes, tandis que les autres restent saines. Cependant l'explication des faits est un peu différente.

Chaque pied de cresson, pris isolément est également sensible aux atteintes du *Cystopus* et peut prendre également la maladie donnée par le parasite : seulement sa réceptivité est liée à une certaine période de l'évolution de la plante et elle cesse pour toujours, cette période une fois passée. On sait que le cresson, en germant, donne deux petites feuilles trilobées qu'on appelle des cotylédons; ces cotylédons se dessèchent et tombent lorsque la plante est un peu plus âgée et qu'elle s'est garnie de feuilles en plus grand nombre. Or c'est dans les cotylédons seuls que les spores du *Cystopus* pénètrent et peuvent se développer pour permettre au Champignon de s'étendre ensuite dans tout le tissu de la jeune plante, de grandir avec elle et d'occasionner la maladie que nous connaissons. Toute autre partie de la plante, en dehors des cotylédons, n'offre pas un milieu favorable à la germination des spores; celles-ci donnent, il est vrai, un très court bourgeon qui pénètre un peu dans le tissu sous-jacent, mais qui ne tarde pas à se flétrir et à disparaître.

Il n'y a donc rien d'étonnant à ce que, les cotylédons une fois tombés, la plante soit à l'abri, à tout jamais, des atteintes du parasite. Les quelques vingt pieds malades qui existent dans tout le carré, ont été contaminés au moment même où ils avaient leurs cotylédons. Si tous les autres pieds avaient été atteints à ce moment-là, il n'y a pas de doute qu'ils ne se fussent montrés tous malades. Ils sont restés indemnes à cause de cette seule raison qu'ils n'ont pas été touchés par le parasite pendant la période unique où ils étaient capables d'être contaminés, pendant la période où ils étaient *prédisposés*.

Il ressort de tout ce que nous avons dit des intermédiaires qui existent entre les phénomènes divers étudiés par nous, que l'apparition et la disparition d'une maladie parasitaire doivent se faire aussi avec tous les intermédiaires possibles dans les variations qui servent à la caractériser. Ces variations dépendent de chacune des deux espèces, hôte et parasite, et même, quoique à un degré moins élevé, de chacun des deux individus en présence. Les expériences courantes faites sur la Trichine, le Ténia, etc., sont assez présentes à l'esprit de chacun de nous, pour qu'il soit inutile d'insister plus longtemps sur ce sujet.

XIe LEÇON.

PARASITES INOFFENSIFS DES ANIMAUX A SANG CHAUD. — PARASITES DE L'INTESTIN. — SARCINA. — LEPTOTHRIX, MICROCOQUES, SPIRILLUMS. — BACILLE-VIRGULE DE LA SALIVE.

Il m'a semblé utile d'étudier avec quelques détails, dans la précédente Leçon, les phénomènes du parasitisme et ses conséquences, parce que cette étude nous servira à comprendre plus aisément les faits que nous rencontrerons chez les Bactéries parasitaires.

Nous verrons, en effet, que tout ce que nous savons de ces derniers organismes peut se rattacher, comme cas très particulier, aux phénomènes généraux et constants précédemment indiqués : la même remarque doit s'appliquer, sans contredit, aux faits bien connus et à ceux qui, l'étant moins, semblent ne devoir pas rentrer dans la règle commune. Il ne sera donc pas inutile, pour concevoir aisément, dans leurs véritables rapports, les conséquences des phénomènes, d'avoir constamment présents à l'esprit les principes généraux que nous avons posés et les faits plus anciennement connus qui les établissent.

Cela étant dit, nous pouvons passer à l'étude des types les plus importants que l'on trouve chez les Bactéries parasitaires.

Il est naturel, nous semble-t-il, de parler d'abord, avec assez de détails, des Bactéries parasites des animaux à sang chaud et en particulier, de celles que l'on rencontre chez l'homme. Puis nous consacrerons quelques mots à celles que l'on a trouvées chez les autres animaux, enfin chez les plantes.

Parmi les Bactéries parasites chez les animaux à sang chaud, nous distinguerons celles qui occasionnent des maladies bien caractérisées de celles qui sont peu nuisibles ou même qui ne le sont pas du tout. Parlons d'abord de ces dernières.

Le canal digestif et les voies respiratoires, le canal digestif surtout, offrent des milieux très favorables au développement des organismes inférieurs, tels que les Champignons et les Bactéries : nous laissons volontairement de côté les Vers dont quelques-uns sont parasites dans l'intestin.

Il existe tout un groupe de Champignons qui se servent du tube digestif comme d'un lieu d'élection préféré, tout au moins comme d'un lieu de passage. Car, si le milieu qu'ils y trouvent n'est pas absolument indispensable à leur existence, il leur sert très fréquemment et très normalement d'habitat. Introduits avec les aliments, ces Champignons trouvent, dans l'intestin, à la fois la nourriture et le gîte nécessaires à leur premier développement qu'ils achèvent à l'extérieur où ils sont entraînés avec les matières de déjection. Toutes les espèces de Champignons, vivant sur les excréments, pourraient nous servir d'exemple, à l'appui de ce que nous disons.

Pour les Bactéries, elles se présentent dans le tube digestif en nombre très considérable et avec des formes très diverses. Une étude détaillée et une classification exacte de toutes les espèces sont encore à faire.

M. Nothnagel (1) a trouvé, dans l'intestin, le *Bacillus subtilis*, le *Bacillus amylobacter* et d'autres formes qu'il n'a pas définies avec précision.

M. Bienstock a indiqué son type en « baguette de tambour » (2) dont nous avons parlé.

Dans l'intestin des poules, M. Kurth (3) a trouvé le *Bacterium Zopfii* (Voir page 42). Enfin, il faut indiquer encore la présence constante, d'après M. Van Thieghem, du *Bacillus amylobacter* dans la panse de l'estomac des ruminants (Voir page 187).

(1) H. Nothnarel. — *Die normal in d. menschl. Darmentleerungen vorkommenden niedersten pflanzl. Organismen.* Zeitschr. f. Klin. Medicin. T. 4, 1881.

(2) Bienstock. — *Ueber d. Bacterien d. Faeces.* — Zeitschr. f. Klin. Medicin. T. 8.

(3) Kurth. — *Bacterium Zopfii.* Bact. Zeitg, 1883, p. 369.

D'une manière normale, dans la caillette de l'estomac des ruminants, l'acidité de suc gastrique empêche la présence de la plupart des Bactéries. C'est ainsi que les expériences de M. Koch sur le charbon ont montré que les cellules végétatives du *Bacillus anthracis* sont tuées par le suc gastrique et que les spores seules peuvent résister à son action. Il peut en être de même pour d'autres espèces et il n'est pas inutile de remarquer qu'il se fait ainsi dans un estomac sain une sorte de triage des diverses Bactéries introduites avec la nourriture. Il n'en reste qu'un certain nombre qui arrivent dans l'intestin susceptibles de se développer.

Il est certain que toutes les espèces sans exception ne sont pas soumises à cette action destructive du suc gastrique. Là aussi il y a des différences suivant les espèces : c'est ce que prouve l'existence du *Sarcina ventriculi*, Goodsir (fig. 16).

Le *Sarcina ventriculi* est composé de cellules arrondies, réunies en masses ayant à peu près la forme d'un cube ; les cellules sont rangées en assises régulières, parallèles aux faces du cube et agglutinées par une membrane fortement gélatineuse. La comparaison des stades successifs de l'évolution montre clairement que ces masses cubiques proviennent d'une cellule primitivement ronde, qui se découpe et se multiplie suivant trois directions rectangulaires, en donnant un premier cube qui se partage lui-même en cubes semblables plus petits. Chacun de ces derniers provient de l'une des cel-

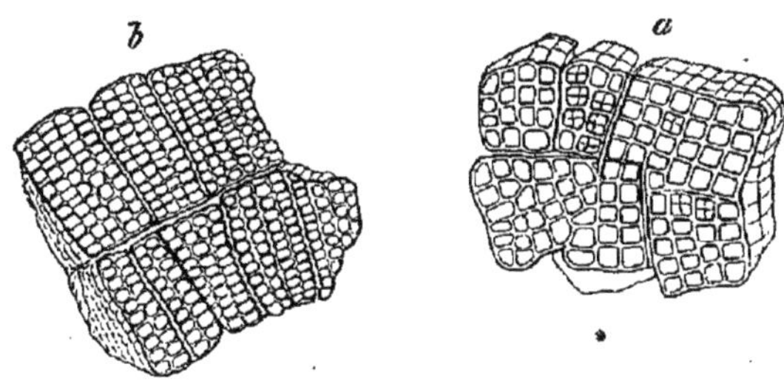

Fig. 16.

SARCINA VENTRICULI Goodsir. — Pris chez un sujet atteint d'une maladie d'estomac; grossissement 600 fois, après action de l'alcool, de l'iode et de la glyécrine. — *a* et *b* côte à côte dans un même champ du microscope. — *a*. Forme à grosses cellules claires : les cloisons de séparation y sont finement indiquées. — *b*. Forme à cellules petites et sombres. — Les deux figures sont, autant que possible, dessinées d'après nature.

lules primitives, formées par division de la cellule-mère : on comprend ainsi la multiplication successive des masses cubiques. Mais c'est là tout ce que l'on sait du développement du *Sarcina*.

Il faut ajouter que, d'après ce que j'ai eu souvent l'occasion de vérifier, il existe deux formes distinctes, que l'on trouve dans les cellules de *Sarcina* prises en grandes masses : l'une est formée de cellules relativement grosses, la seconde de cellules plus petites; la première (fig. 16, *a*) étant en outre, dans les mêmes conditions, beaucoup plus transparente que l'autre. Ses cellules sont fréquemment traversées par des cloisons excessivement fines, simples ou en croix qui montrent la division des cellules en train de se faire. On ne sait d'ailleurs rien sur les rapports génétiques qui existent entre ces deux formes.

Le *Sarcina* se rencontre souvent, à l'état de Saprophyte, en dehors de l'organisme : M. Pasteur et M. Cohn l'ont trouvé dans des cultures, sans ensemencement préalable; M. Schroeter l'a observé sur des pommes de terre cuites; enfin j'ai eu l'occasion de le voir, dernièrement, dans de la bière devenue acide. La rareté de ces observations suffit pour prouver l'existence peu fréquente des *Sarcina*. Dans les cas que nous rapportons, le *Sarcina* formait de petites masses jaunes quelquefois superficielles. Il se rencontre assez souvent dans le corps humain : assez rare dans le poumon, les reins et surtout dans le sang, il se trouve, en masses parfois considérables, dans l'estomac et les diverses dilatations que cet organe prend chez les différents animaux.

Ce que nous avons dit de son existence possible à l'état de Saprophyte permet de comprendre comment il arrive dans l'estomac et les autres parties du corps. Mais on ne sait rien de précis sur les raisons qui déterminent son développement rapide en certains points, faible ou même nul en d'autres, ce qui a lieu fréquemment. Des essais de culture en dehors de l'organisme n'ont pas donné jusqu'à présent de résultats positifs. Enfin, il ne semble pas exister de rapport étroit entre la vie du *Sarcina* et le développement d'une maladie quelconque : autrement dit l'on n'a pas trouvé chez cet organisme d'influence pathogène.

Des formes analogues au *Sarcina ventriculi* se trouvent dans l'intestin d'autres animaux. Nous n'avons pas grand'chose à dire de leur détermination spécifique, à l'exception pourtant d'un organisme qui se rencontre chez la poule et chez d'autres oiseaux et qui présente, suivant M. Zopf, quelques différences de forme avec le *Sarcina* ordinaire.

La muqueuse buccale, aussi bien que la muqueuse nasale, contient des Bactéries en nombre considérable. La muqueuse du nez, en particulier, renferme des Bactéries dont on a signalé la présence constante dans les sécrétions nasales : elles caractérisent une affection qui sévit surtout au printemps sous le nom de *fièvre des foins*. Je puis affirmer, quant à moi, pour l'avoir expérimenté personnellement, que, pendant les dix ou onze mois que la fièvre ne sévit pas, ces Bactéries existent certainement dans la muqueuse. Ce sont, autant que j'ai pu m'en rendre compte, des bâtonnets courts, analogues à ceux du *Bacillus termo*. Existe-t-il des formes spécifiques différentes suivant l'époque où on les observe et quelques-unes de ces formes prédominent-elles à certains moments de l'année? C'est ce qui n'a pas été étudié.

On connaît un peu mieux les formes de Bactéries très nombreuses qui existent dans la muqueuse buccale. On les rencontre surtout dans la région des gencives, entre les dents et sur les dents mêmes ; dans le reste de la bouche et dans la salive, elles sont moins abondantes bien que leur nombre soit encore relativement considérable.

En prenant un peu de salive sur une dent, on voit que la matière légèrement visqueuse qu'elle contient est en grande partie formée d'un organisme particulier, désigné depuis assez longtemps par Robin sous le nom de *Leptothrix buccalis* (fig. 17, *a*). Ce sont des filaments longs, volumineux, roides, réunis en faisceaux épais, facilement séparables transversalement en articles plus courts, d'inégale grosseur : les plus gros filaments ont un diamètre transversal qui dépasse 1 μ : les autres sont de moitié plus petits. La longueur des articles ou des cellules séparées est aussi variable et égale ou dépasse de plusieurs fois

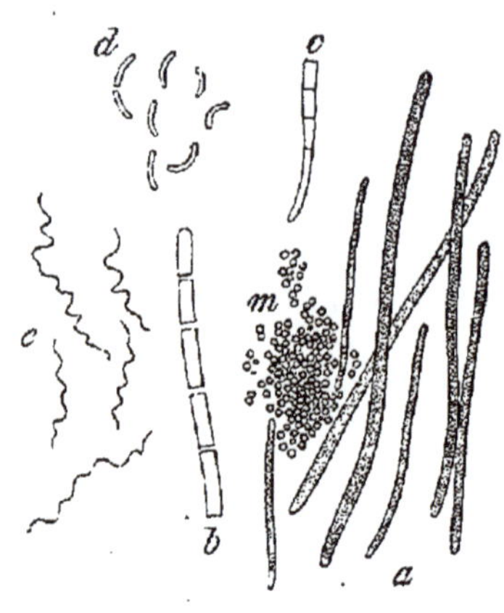

Fig. 17 (1).

(1) Bactéries prises sur une dent. — Dans une même préparation : *e* et *b* après coloration, les autres à l'état frais. — Grossissement 600 fois — *a*. *Leptothrix buccalis*, filaments ou portions de filaments de différentes grosseurs. — *b*. Portion de filament plus gros et montrant les cellules dont il est composé, après l'action de la solution alcoolique d'iode. — *c*. Filament très aminci à l'une de ses extrémités, montrant la division en cellules sans l'emploi d'aucun réactif. — *d*. Bacille en virgule de Lewis. — *e*. *Spirochœte buccalis*. — *m*. Microcoques.

leur largeur. Quant aux filaments, ceux qui sont formés d'articles courts et épais, présentent la réaction de la granulose (Voir page 12). Mais le même filament peut indifféremment ou successivement prendre la coloration bleue ou jaune.

M. Rasmussen (1) a distingué, dans des cultures, trois formes spéciales du *Leptothrix buccalis*. Je ne puis juger l'exactitude du travail de cet auteur, car je ne le connais que par un compte rendu qui m'en a été fait.

Les faisceaux de *Leptothrix* contiennent souvent des cellules rondes ou « coques » rassemblées irrégulièrement en épaisses masses gélatineuses et immobiles comme le *Leptothrix* lui-même (fig. 17, *m*).

Si l'on ajoute un peu de liquide, pour délayer la salive très visqueuse que l'on observe, on arrive à isoler, en troisième lieu, un autre organisme qui se tient dans le voisinage des faisceaux de *Leptothrix* et qui est une forme de Spirillum : c'est le *Spirochaete buccalis* ou *Spirochaete dentium*.

Ce sont des filaments d'une extrême ténuité, sans cloisons transversales visibles, contournés en tire-bouchon, avec trois à six spires, quelquefois plus, souvent irréguliers ; ces filaments sont parfois arqués et animés d'un léger mouvement de rotation ou simplement immobiles (fig. 17, *c*).

(1) Rasmussen. — *Ueber die Cultur von Mikroorganismen aus dem Speichel gesunder Menschen.* — Dissert. Kopenhagen, 1883. D'après un compte rendu *in Botan. Centralblat*, 1884. T. 17, p. 398.

Enfin l'on peut observer fréquemment, sinon toujours, un autre organisme, un *Bacterium* en bâtonnets courts et recourbés en arc : il a été décrit par M. Lewis (1) sous le nom de Bacille-virgule (*Kommabacillus*) de la salive ; il présente, dans les liquides, des mouvements très vifs et très brusques.

Nous avons à peine besoin de faire remarquer, qu'outre ces dernières formes, la salive peut contenir toutes les autres Bactéries saprophytes ordinaires, et M. Rasmussen en a cité, en effet, comme le *Bacillus amylobacter*. M. Hueppe en indique deux chez l'homme : ce sont des micrococques pouvant donner naissance à de l'acide lactique (Voir plus haut page 175). Enfin, il est beaucoup d'autres types qui ne se développent pas dans la bouche d'un individu sain. Il est possible que leur développement soit empêché par celui des Bactéries citées plus haut, que l'on trouve ordinairement dans la salive.

Je prends soin de répéter que j'ai dû me borner à citer purement et simplement les formes diverses telles qu'elles se présentent, en les plaçant les unes après les autres, sans avoir la prétention de les grouper suivant leurs propriétés génériques, qui ne peuvent pas encore entrer en ligne de compte dans la classification. Cependant, le peu qu'on en sait semble faire pressentir que, très probablement, l'on

(1) Lewis. — *Memorandum on the Comma-shaped Bacillus*, etc. The Lancet, 2 sept. 1884.

arrivera à les classer en plusieurs espèces distinctes.

Les Bactéries qui habitent les voies digestives et respiratoires de l'homme, y compris les espèces très voisines que l'on a trouvées chez les mammifères, paraissent être des organismes sans aucune influence nuisible, pour la plupart : celles de la bouche peuvent même avoir une action protectrice contre les organismes étrangers capables de provoquer des fermentations. Parmi les ferments qui arrivent à se développer, on pourra citer ceux de la fermentation lactique : quant aux Microcoques, au *Leptothrix buccalis* et à toutes ces formes qu'on a réunies sous ces deux noms, il reste à voir si elles ont un effet pathogène quelconque, si elles sont l'origine d'une maladie ou d'une perturbation physiologique, quelle qu'elle soit.

Les travaux de M. Miller (1) ont fait attribuer la carie des dents à la présence de ces organismes; ils pénètrent, d'après cet auteur, dans l'émail et le cément, puis dans les canalicules du cément pour arriver jusqu'à la pulpe dentaire qu'ils détruisent peu à peu. Les dents saines sont à l'abri de leur action. Il faut, pour qu'ils puissent pénétrer jusqu'à la pulpe, qu'il y ait eu un point où l'émail ait été enlevé, c'est ce qui peut arriver par suite de la formation d'acides dans la bouche.

(1) W. Miller. — *Der Einfluss auf d. Caries d. menschl. Zahn.* Archiv., f. Exp. Pathologie. XV. 1882.

XIIe LEÇON

CHARBON ET CHOLÉRA DES POULES.

L'organisme de la carie des dents, le *Leptothrix buccalis* nous conduit sans transition aux parasites pathogènes des animaux à sang chaud.

Nous nous rendrons un compte plus exact du mode de vie et de l'action des Bactéries pathogènes, en prenant pour type une de celles qui sont le mieux connues.

Pour cela, nous étudierons d'abord la maladie que l'on appelle le *Charbon* ou encore Anthrax, Sang de rate, etc., puis la Bactérie qui l'occasionne, le *Bacillus anthracis* (1).

Nous avons parlé à maintes reprises du *Bacillus*

(1) Voir la Bibliographie au sujet du charbon — jusqu'en 1874 — dans O. Bollinger in *Ziemssen's Handbuch der Speciellen Pathologie u. Therapie*, T. 3. — Dans Oemler : *Experimentelle Beitr. z. Milzbrandfrage* : Archiv. f. Thierheilk, T. 2 à 6.

Sur la découverte du Bacille : Roger. — *Mémoires de la Société de biologie*, T. 2. Année 1850 (Paris, 1851), p. 141. — Pollender : in *Casper's Vierteljahrsschr.*, T. 8, 1855. Pour les travaux plus récents :

anthracis. Aussi nous contenterons-nous de le décrire brièvement en nous reportant aux figures 18 et 19 représentées plus bas.

Le *Bacillus anthracis* est composé, nous le savons, de cellules cylindriques, ayant de 1 à 1,5 μ de diamètre transversal et trois à quatre fois autant en longueur. Dans le sang des animaux, ces cellules forment des bâtonnets droits et assez courts (fig. 18, *c*) qui, à première vue, paraissent être homogènes, c'est-à-dire ne laissent pas apercevoir trace de division en articles distincts. Dans les cultures, la Bac-

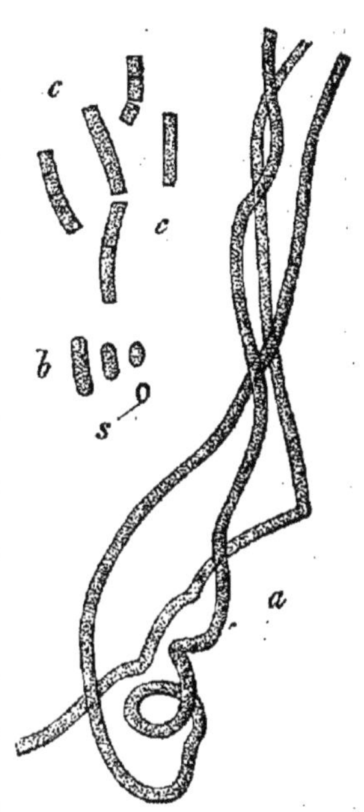

Fig. 18 (1).

Pasteur. — Comptes rendus, T. 84 (1877), p. 900; T. 85 (1877), p. 99; T. 87 (1878), p. 47; T. 92 (1882), p. 209, 266, 429. — R. Koch. *Die Aetiologie. d. Milzbrands* in Cohn, Beitr. z. Biolog. der Pflanz, T. 2, 277. — *Ibid*. Mittheil. a. d. Reichsgesundheitsamt, I et en collaboration avec Gaffky et Loeffler, II. — H. Buchner in Naegeli : *Niedere Pilze*. — Chauveau. — Comptes rendus, T. 91 (1880), p. 680; T. 96 (1883), p. 553, 612, 678, 1471; T. 97 (1883), p. 1242, 1397; T. 88 (1884), p. 73, 126, 1232. — Gibier. — *Ibid*. T. 94 (1882), p. 1605. — E. Metschnikoff. *Die Beziehungen der Phagocyten zu dem Milzbrand-Bacillus*, in Virchow's Archiv. T. 97 (1884). — A. Prazmowski : Biol. Centralblatt. 1885.

(1) Bacillus anthracis. — *a*-*b*. Dans des cultures d'extrait de viande faites sur le porte-objet. — *a*. Groupe de filaments en plein développement. La division en cellules est peu visible bien qu'elle existe. — *b*. Trois stades successifs de la germination d'une spore. — *s*. Spore mûre, avant la germination. — *c*. Bâtonnets dans le sang d'un cobaye mort charbonneux, pris quelques heures après la mort, — dans de l'eau distillée. — Grossissement 6 à 700 fois.

térie forme de longs filaments, pelotonnés plusieurs fois les uns sur les autres, recourbés et tordus sur eux-mêmes, composés de bâtonnets et réunis entre eux en paquets qui peuvent se comparer à des paquets de cordages (fig. 18, *a*). Les bâtonnets et les filaments ne sont pas mobiles, à l'exception de quelques cas que nous indiquerons dans un instant.

La formation et la germination des spores se font suivant le mode décrit dans la troisième Leçon : à la germination, la spore donne simplement un premier prolongement qui continue à croître (fig. 18, *b*) sans avoir à repousser une membrane extérieure, distincte de la spore ; souvent le premier bâtonnet se recourbe légèrement en arc. Lorsque la spore est mûre, elle est fortement ellipsoïdale et aussi large que la cellule-mère cylindrique qui la contient et qui persiste, mais elle est beaucoup plus courte et elle se trouve à peu près au centre de la cellule-mère, lorsque la gélification de la membrane ne s'est pas encore produite.

L'absence de mouvement et ce mode spécial de germination suffisent pour caractériser le *Bacillus anthracis* et pour le distinguer au microscope d'espèces analogues quant à la forme, mais qui ne sont pas parasitaires, en particulier du *Bacillus subtilis*, avec qui on pourrait le confondre aisément. D'ailleurs, on peut distinguer ces deux espèces à l'œil nu, dans les cultures. Le Bacille du charbon forme, en général, des flocons qui restent au fond du liquide, tandis que le *Bacillus subtilis* recouvre, comme on sait, la surface de la culture (Voir page 24). Il existe cependant quelques exceptions sur lesquelles nous aurons à revenir.

La maladie du *charbon* attaque de préférence les mammifères. En première ligne se placent les herbivores, les ruminants et les rongeurs. Les animaux qu'on peut faire servir à des expériences, sont les souris, les cobayes, les lapins, les moutons et les bœufs, en suivant l'ordre croissant de *prédisposition* à la maladie. En second lieu, il faut citer les animaux omnivores et l'homme. Enfin, on peut encore indiquer les carnivores parmi les animaux susceptibles d'avoir le charbon; le chat y est plus sensible que le chien.

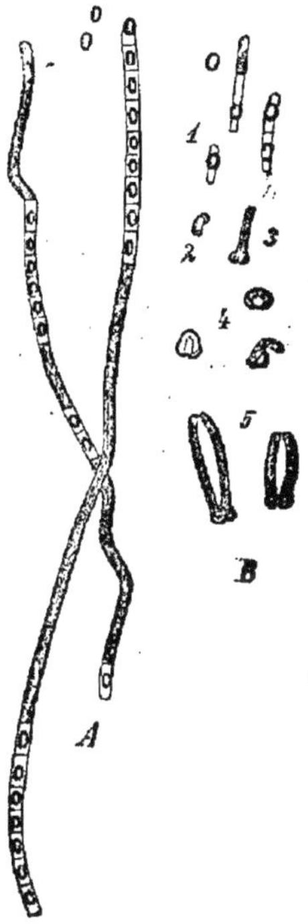

Fg. 19 (1).

Les oiseaux ne semblent pas rester complètement indemnes. M. Gibier a expérimenté sur des grenouilles, M. Metsch-

(1) *A*. Bacillus anthracis. — Deux filaments, dont une partie est en train de former des spores. — En haut deux spores mûres, mises en liberté. Préparation sur le porte-objet dans une solution d'extrait de viande. — Les spores remplissent presque complètement la cellule-mère, dans le sens transversal.

B. Bacillus subtilis. — Voir l'explication, page 39, fig. 3.

nikoff sur des lézards (*Lacerta viridis*). Mais ces derniers animaux ne sont sensibles au charbon que si l'on prend soin d'amener et de maintenir leur corps à la température habituelle du corps des animaux à sang chaud.

Mais nous ne voulons pas entreprendre ici la discussion détaillée de tous les faits observés dans les différents groupes du règne animal, et nous nous en tiendrons aux résultats bien précis trouvés chez les mammifères. On trouvera dans la Bibliographie, à la fin du livre, la liste des principaux travaux sur ce sujet (1). Nous nous bornerons à dire que la résistance de chaque animal dépend d'abord de l'espèce à laquelle il appartient, puis de sa race, de son âge et enfin elle varie suivant chaque individu.

Le charbon est une maladie très répandue. On sait depuis longtemps qu'elle éclate avec persistance dans certaines contrées, qu'il existe des districts « maudits » particulièrement dangereux pour le bétail et très redoutés des agriculteurs.

Les symptômes de la maladie sont différents suivant les animaux atteints : les plus gros résistent parfois plus ou moins longtemps, avec une fièvre très forte, et ne succombent pas toujours. Les souris et les cobayes meurent presque constamment sans présenter avant la mort de symptômes bien caractéris-

1) Voir la note de la page 225.

tiques. Les cobayes, en particulier, continuent à se montrer très vifs, pleins d'appétit jusqu'au moment où ils périssent, après une très courte agonie, ce qui arrive en général quarante-huit heures après qu'ils ont été atteints par les premières attaques du mal.

Si l'on examine le sang d'un animal charbonneux, aussitôt ou peu de temps après la mort, on le trouve rempli de bâtonnets du *Bacillus anthracis* (fig. 18, *c*). Chez les gros animaux, tels que les bœufs, leur nombre paraît être assez variable, suivant les cas. Je dis « *paraît être assez variable* » pour des raisons que nous ne tarderons pas à examiner. On en trouve toujours dans les capillaires des organes internes, en particulier dans la rate. Chez les lapins et les souris, ils ne sont pas nombreux dans le sang, suivant M. Koch : les ganglions lymphatiques et la rate en renferment davantage. Chez les cobayes, que j'ai eu surtout l'occasion d'examiner, toute la masse sanguine est bourrée de bâtonnets. Chaque goutte de sang, si petite qu'elle soit et si imperceptible qu'elle paraisse, prise dans l'oreille, dans la patte, dans une partie quelconque du corps, en contient des quantités considérables. Les petits vaisseaux et les capillaires du foie, de la rate surtout, en renferment en abondance.

Tels sont les faits que l'on observe quand on examine un animal charbonneux peu de temps après la mort. Plus tard, lorsque la rigidité cadavérique a disparu, il en est autrement : on peut prendre du sang dans les gros vaisseaux, dans le cœur même, en quantité considérable, sans y trouver un seul bâtonnet. On en trouve cependant dans les caillots où ils sont parfois agglutinés en masse et où l'on peut, disons-le en passant, aller les chercher pour faire dans ces circonstances des cultures du Bacille charbonneux. Il est fort possible que, dans les cas où l'on n'observait qu'un nombre très restreint de Bactéries dans le sang, on ait négligé d'examiner les caillots, surtout si l'animal était mort depuis assez longtemps pour que la coagulation du sang fût presque achevée. C'est une remarque qu'il n'est pas inutile de faire pour expliquer les différences que l'on observait dans le nombre de Bactéries charbonneuses trouvées après la mort.

Les bâtonnets du charbon ont été vus pour la première fois par Rayer en 1850 et retrouvés ensuite par Pollender en 1855. Le rapport qui existe entre la présence du Bacille et l'existence de la maladie a été mis en lumière pour la première fois par Davaine, en 1863, et prouvé de notre temps par M. Pasteur, de la manière la plus indiscutable, malgré les nombreuses contradictions qu'on lui a opposées. Il a été démontré, sans aucun doute possible, que la maladie ne peut éclater que si le Bacille a été introduit dans le sang; d'autre part, l'introduction du Bacille dans le sang a pour effet immédiat de faire contracter le charbon à l'animal inoculé. La maladie se déclare lorsque le Bacille a été apporté vivant dans le sang, par une inoculation préalable, d'où le nom, dans ce cas, de charbon par inoculation, par blessure; mais la maladie peut naître aussi, sans qu'il y ait eu inoculation préalable à travers l'épiderme extérieur; il peut y avoir infection à l'intérieur, par la muqueuse intestinale, sans que celle-ci soit déchirée : d'où le nom de charbon par l'intestin (*Darmmilzbrand*) donné quelquefois à la maladie, contractée dans ces circonstances.

Le charbon est dû à la présence soit de bâtonnets vivants, soit de spores germant dans le sang ou dans l'intestin. Dans les deux cas, il est indifférent de prendre directement la Bactérie charbonneuse à un animal malade ou dans une culture appropriée, dans laquelle on a su se débarrasser de toute trace appréciable des produits étrangers que l'organisme malade a été susceptible de sécréter ; enfin, le Bacille mort et, par suite, incapable de végéter, n'est plus apte à reproduire la maladie.

Un fois introduite dans le système circulatoire d'un animal, la Bactérie charbonneuse s'accroît et se multiplie en donnant des bâtonnets qui se répandent dans tout l'organisme, grâce à la division répétée qu'ils ne tardent pas à subir, et aussi grâce à la circulation sanguine qui les entraîne avec elle. A mesure que leur nombre augmente, la maladie fait des progrès plus rapides et se termine ordinairement par la mort. Une quantité infiniment petite de Bacilles suffit pour produire ces divers phénomènes. C'est ainsi qu'un cobaye, par exemple, succombe au bout de quarante-huit heures, quand on lui a introduit sous la peau, à l'aide d'une piqûre d'aiguille, quelques spores ou quelques bâtonnets, en quantité si peu considérable, qu'on ne peut les distinguer à la loupe : la piqûre elle-même est si faible qu'elle n'amène pas l'effusion d'une seule goutte de sang.

C'est donc un fait bien acquis que le charbon, par inoculation ou par blessure, peut être occasionné en introduisant dans l'organisme des spores ou des bâtonnets vivants.

Le charbon, par l'intestin, ne peut être donné avec certitude, comme l'ont montré M. Koch et ses collaborateurs, qu'en introduisant dans le tube digestif des spores de la Bactérie. Dans les conditions naturelles, le Bacille du charbon ne peut être introduit dans le tube digestif que par la bouche, c'est-à-dire avec les aliments. Il est donc forcé de traverser l'estomac où les bâtonnets sont tués par l'action de l'acide contenu dans le suc gastrique. Y sont-ils tous détruits et le sont-ils complètement? C'est ce qu'il est difficile de savoir. En tout cas, les spores passent certainement dans l'estomac sans y être attaquées et, arrivées dans l'intestin, elles y trouvent les conditions nécessaires à la germination ;

aussi rencontre-t-on dans l'intestin, des bâtonnets provenant des spores, et logés, de préférence, dans les follicules clos et les glandes de Peyer. Enfin la muqueuse intestinale contient en grande quantité des capillaires par lesquels la Bactérie se répand librement dans le sang.

Ce sont surtout les ruminants qui sont susceptibles, d'après les auteurs que nous venons de citer, de prendre le charbon par l'intestin. Les expériences ont été faites sur des moutons. Les observations faites sur les bœufs, dans des cas de charbon spontané semblent montrer que ces animaux se comportent de la même manière que les moutons. Ces diverses observations donnent au moins ce résultat pratique important que les cas de charbon qui se produisent spontanément chez les animaux, c'est-à-dire ceux qui n'ont pas lieu après inoculation ou tout autre traitement artificiel, sont surtout amenés par l'introduction, dans l'intestin, des spores charbonneuses existant dans le fourrage ingéré.

D'autres animaux sont moins sensibles à ce « charbon par l'intestin » ; dans quelques expériences seulement on réussit à contaminer des cobayes, des lapins et des souris ; les rats, les poules et les pigeons se montrèrent complètement réfractaires.

On est en droit de se demander de quelle manière les spores peuvent arriver à s'introduire dans un animal. Elles ne se forment certainement pas dans l'animal vivant ni même dans le cadavre non ouvert et laissé intact : il n'y a là qu'un simple phénomène de végétation. Mais rappelons-nous que le Bacille, nous l'avons déjà dit, peut non seulement germer et se développer, mais encore former des spores en dehors du corps de l'animal : de plus, les spores ne se produisent jamais dans l'organisme, même quand les conditions semblent leur être très favorables.

Les conditions dans lesquelles se fait la vie non parasitaire du Bacille charbonneux sont les mêmes que celles indiquées pour les êtres saprophytes. Il faut à la fois de l'oxygène en excès pour que le développement puisse s'activer complètement, une température optimum qui est ici de 20° à 25°, pour la formation des spores, une nourriture suffisante qui peut être composée, l'expérience nous l'apprend, d'un très grand nombre de substances organiques. Ces substances peuvent ne pas être seulement d'origine animale, comme des parties du cadavre charbonneux, des déjections sanguinolentes de l'animal malade, des solutions d'extrait de viande qui ont servi à M. Cohn (Voir p. 26) pour faire des cultures du Bacille. On peut prendre des matières organiques très diverses, des matières végétales, par exemple, pourvu qu'elles ne soient pas trop acides, comme la pomme de terre, les betteraves, les graines, etc. Le Bacille vit à la surface humide de ces cultures, en formant des masses épaisses qui renferment, à la fin de la période végétative, un nombre très considérable de spores.

Il est évident, d'après ce qui précède, que le Bacille du charbon appartient à la catégorie des *Parasites facultatifs* dont il a été question à la page 203. Mais il est avant tout Saprophyte, puisqu'il peut non seulement passer une partie de son existence à l'état de Saprophyte, mais qu'il en a absolument besoin pour achever son évolution et produire des spores. D'autre part, il peut devenir parasite, en arrivant sous la forme de bâtonnets ou de spores chez l'hôte qui doit le nourrir et le loger, et c'est alors qu'il agit comme organisme pathogène, de la manière que nous avons vue.

Les phénomènes qui caractérisent la marche du charbon sont faciles à expliquer, maintenant que nous connaissons le mode de vie du Bacille qui en est la cause : il suffit d'admettre, une fois pour toutes, son existence et de le traiter comme on ferait d'une espèce quelconque animale ou végétale.

Le fait que le charbon peut se développer spontanément, et, en réalité, se développe habituellement ainsi dans l'intestin, prouve, nous l'avons vu, que le Bacille, passant de la vie du Saprophyte à la vie parasitaire, pénètre à l'état de spore dans le corps de l'animal et, pour cela, s'introduit par la voie ordinaire, avec les aliments. Les endroits où cette introduction du Bacille se fait en général, sont, pour le bétail, les prairies, les lieux de pâturage, etc. Il est clair que les matières organiques, que l'on rencontre toujours en ces endroits, permettent au Bacille d'achever facilement sa végétation ; il trouve sans peine, en été, la chaleur nécessaire pour la formation de ses spores ; après quoi il peut aisément passer l'hiver à cet état (Voir page 92), et survivre d'une année à l'autre pour propager et entretenir constamment la maladie.

Mais pour quels motifs une contrée est-elle soumise au charbon et une autre ne l'est-elle pas ? C'est ce qu'il est difficile de préciser. M. Koch a voulu donner une explication de ce fait, en faisant intervenir les conditions d'humidité et de pluie, d'inondation, etc., comme causes principales de la végétation et de la propagation du Bacille. Les expériences nécessaires pour qu'on puisse se livrer à un sérieux examen font défaut.

Après avoir passé à l'état parasitaire, dans le corps des animaux morts ou malades, le Bacille n'a pas besoin, forcément, de revenir dans le même état aux endroits infestés. Car il ne lui est pas possible d'achever son développement comme Parasite et ses cultures nous montrent qu'il peut vivre comme Saprophyte, pendant plusieurs générations.

D'un autre côté, nous savons qu il peut cesser d'être parasite en quittant le corps de l'animal, avant ou après la mort de celui-ci, à condition qu'il lui soit donné de conserver ses propriétés végétatives, longtemps après la mort de l'animal; il peut se faire aussi qu'il soit rejeté sur le sol avec les déjections et le sang que laisse échapper la bête charbonneuse. Il trouve dans les cadavres en décomposition un milieu tout formé pour son développement.

La Bactérie de charbon peut aussi être propagée à l'état de parasite, infester les points où les animaux charbonneux succombent et ceux où leurs cadavres sont enfouis. C'est ce que la pratique a depuis longtemps démontré. C'est ainsi qu'une localité peut devenir un foyer d'infection. Même lorsqu'il n'y a pas, dans ces lieux, de gros bétail, il suffit de la présence de plus petits animaux, comme les rongeurs, si sensibles au charbon, pour entretenir la maladie et la propager. D'ailleurs, toutes ces conditions réunies ne sont pas nécessaires pour que le charbon se produise et il en est bien d'autres, que nous pourrions rapporter ici, qui expliquent son existence.

Ajoutons encore, pour compléter ces renseignements, que le Bacille peut passer, on le comprend aisément, d'un animal à l'autre et propager ainsi la maladie. C'est pour cette raison que le charbon est dit une maladie contagieuse. La contagion se fait par suite d'une inoculation accidentelle ou d'une blessure. Elle a lieu par l'intermédiaire des bâtonnets, qui existent seuls dans l'animal vivant et qui pénètrent dans le sang où ils peuvent continuer à se développer. Ces quelques mots suffisent pour nous donner une idée des variations très grandes dans les circonstances qui peuvent produire la contagion. On attribue une influence assez considérable, comme moyens de propagation de la maladie, aux insectes à aiguillon et aux mouches : il suffit, en effet, que ces insectes aient sucé ou piqué un animal charbonneux pour qu'en se posant ensuite sur un animal sain, ils fassent ainsi une véritable inoculation du charbon.

L'action de la Bactérie sur les organismes dans lesquels elle vit est comparable, jusqu'à un certain point, à celle que produirait un poison ou virus : aussi dit-on qu'elle a une action virulente, ou plus simplement qu'elle est *virulente*.

Cette virulence peut être « *atténuée* » peu à peu jusqu'à ce que la Bactérie devienne inoffensive même pour les animaux les plus sensibles à la maladie, comme les souris. D'après les expériences de M. Pasteur, on arrive à cette atténuation en cultivant le Bacille dans des liquides neutralisés, comme du bouillon de viande, du bouillon de poule, en présence d'un excès d'oxygène, à la température de 42° à 43°. MM. Toussaint et Chauveau obtiennent le même résultat en employant une température plus élevée. Par cette méthode, les Bactéries du charbon finissent par périr dans ces cultures, c'est ce qui arrive, suivant M. Pasteur, au bout d'un mois environ ou davantage. Jusque-là, le Bacille continue à végéter sans rien perdre de ses propriétés morphologiques, si ce n'est que la formation des spores est retardée ou même complètement arrêtée; ce dernier point a été établi par des observations directes de MM. Koch Gaffky et Loeffler. Avant le moment où il est mort, on peut cultiver à nouveau le Bacille et obtenir de nouvelles spores en le soumettant à une température convenable.

A des températures plus élevées, l'atténuation complète du Bacille s'obtient au bout de peu de temps : à 45° il faut quelques jours, à 47° quelques heures, à 50° ou 53° quelques minutes. Entre 42° et 43°, suivant les trois observateurs que nous avons nommés, il y a des différences notables entre les temps nécessaires pour amener l'atténuation, quand on fait varier la température par dixièmes de degré : ces différences sont en faveur d'une abréviation dans le temps, à mesure que la chaleur augmente.

Avec des cultures faites entre 42° et 43°, on obtient des bouillons qui se montrent successivement inoffensifs pour les animaux considérés d'après l'ordre descendant de leur sensibilité à la maladie : c'est-à-dire que ce sont d'abord les lapins qui se montrent réfractaires au charbon, puis les cobayes, et enfin les souris. Il existe naturellement quelques variations de peu d'importance, suivant l'âge et les conditions particulières des individus considérés.

Nous avions déjà fait remarquer que le Bacille

du charbon se montre susceptible de se développer dans d'autres bouillons quand on le prend à un degré quelconque de l'atténuation, avant qu'il n'ait été détruit. Cultivé dans de bonnes conditions, il croît, d'une manière normale, en donnant des spores; mais, chose curieuse, les générations successives et celles qui proviennent des spores ainsi formées conservent le degré précis de virulence atténuée qu'elles avaient dans le bouillon primitif. Les unes, par exemple, tueront encore les souris et ne feront rien aux cobayes; d'autres laissent réfractaires les souris elles-mêmes. Des cultures de cette dernière espèce ont été continuées pendant des années par MM. Koch, Gaffky et Loeffler, sans qu'il y ait eu une modification quelconque dans le degré de leur virulence.

Pour les Bacilles qui ont perdu très vite leur virulence, quand on les a soumis à des températures élevées, à 47°, 50° et même davantage, ils ne tardent pas à reprendre leur virulence primitive dans des cultures appropriées.

Le retour de l'état atténué à l'état virulent est cependant possible, même chez les formes qui ont été très lentement atténuées. M. Pasteur a montré que la Bactérie qui est atténuée, au point de ne plus tuer les cobayes adultes, mais seulement les jeunes cobayes d'un jour, peut récupérer sa viruleuce primitive et tuer de gros animaux, après des inoculations successives sur des cobayes plus âgés.

M. Koch et ses collaborateurs n'ont pas su, dans leurs expériences, retrouver ces résultats. Comme la marche qu'ils ont suivie diffère un peu de celle qu'avait suivie M. Pasteur, on doit en conclure simplement que la loi qu'on pouvait tirer des résultats de M. Pasteur ne s'applique pas aux résultats de M. Koch. D'ailleurs, les mêmes expérimentateurs ont reproduit ce retour à la virulence première, en se plaçant dans des conditions à peu près analogues à celles de M. Pasteur.

Ils ont enfin constaté que, inversement, il existe des cas où la virulence d'une culture s'affaiblit spontanément, sans cause apparente extérieure. Des spores qui tuaient des lapins et des cobayes, ont donné, huit semaines après, une génération qui était inoffensive pour ces animaux, mais qui tuait encore des souris.

On doit rapporter à cette même catégorie de phénomènes une observation récente de Prazmowski qui a constaté l'atténuation complète d'une culture pure, sans cause appréciable. J'ai pu constater moi-même des faits à peu près analogues. Nous reviendrons sur ce point en parlant des recherches de M. Buchner.

Nous avons vu que les espèces virulentes, aussi bien que les espèces affaiblies, conservent leur forme générale. Cela est vrai, si l'on n'entre pas dans le détail extrême des modifications accidentelles. C'est ainsi que M. Koch et ses collaborateurs ont montré que le Bacille qui tue les souris seules, se présente dans les capillaires et surtout dans le poumon, en gros filaments qui passent, souvent sans se fragmenter, des capillaires à de plus gros vaisseaux, tandis que le Bacille virulent a ordinairement, dans les capillaires, la forme de courts bâtonnets.

Dans l'observation de Prazmowski, la forme qu'il a obtenue diffère de la forme virulente par ce fait que les bâtonnets sont mobiles durant des générations entières, mais très peu mobiles, il est vrai, si on les compare à ceux du *Bacillus subtilis*. De plus, ils ne se rassemblent pas en flocons au fond des cultures de bouillon, mais se portent à la surface du liquide qui devient trouble et « se recouvre d'un voile moyennement épais, d'un blanc sale, d'apparence visqueuse ». J'ai aussi observé ces phénomènes dans du bouillon fait avec de l'extrait de viande : les bâtonnets ne se réunissaient qu'au moment de la production des spores, en filaments beaucoup moins longs que chez les formes virulentes et, dans le voile superficiel qui se produisait ainsi, ils étaient agglomérés, en masses irrégulières, dans toutes les directions. C'est un mode de groupement qui s'éloigne assez de ceux que l'on observe ordinairement, pour qu'on se demande naturellement si l'on n'avait pas en présence une forme peut-être analogue au *Bacillus anthracis*, mais, en tout cas, un peu différente puisqu'elle n'avait pas permis à la première de se développer dans le liquide de culture. C'était peut-être le Bacille que M. Koch nomme le *Bacillus œdemati maligni*. Mais son innocuité sur les rongeurs de petite taille eux-mêmes, rend assez inadmissible cette manière de voir.

M. Buchner a observé, sans aucun doute, les mêmes faits en cultivant le Bacille du charbon, dans des liquides contenant 1 p. 100 d'extrait de viande additionné ou non de sucre et de peptone, à une température de 35° à 37° : il obtenait des générations pures au moyen de cultures répétées. Les cultures étaient placées dans un appareil que l'on agitait continuellement, afin de renouveler constamment les couches d'air. Il obtint ainsi des cultures qui avaient toute l'apparence de celles de Prazmowski. Leur atténuation, la formation du voile superficiel, le mouvement des bâtonnets qui les faisaient ressembler plus que dans les variétés virulentes au *Bacillus subtilis*, tout cela lui fit affirmer qu'il avait pu produire l'atténuation du *Bacillus anthracis* en le transformant en *Bacillus subtilis*, ne possédant pas d'action virulente et que l'on avait ainsi un cas patent de la transformation d'une espèce réputée distincte, en une autre. Malgré ces affirmations, la preuve d'une transformation pareille reste encore à faire.

Le *Bacillus anthracis* présente, même lorsqu'il est inoffensif, des différences morphologiques importantes avec le *Bacillus subtilis*, en particulier dans le phénomène de la germination des spores. C'est un point sur lequel on aurait dû faire porter l'observation; au lieu de cela la germination du *Bacillus subtilis* fut complètement laissée de côté.

D'ailleurs, M. Buchner essaya de produire la transformation inverse du *Bacillus subtilis* inoffensif en *Bacillus anthracis* virulent, au moyen de cultures successives, dans différents liquides contenant des substances albuminoïdes diverses.

Malheureusement, les résultats obtenus furent en grande partie négatifs et les résultats isolés que l'on peut, à la rigueur, regarder comme positifs, en n'insistant pas trop sur les observations morphologiques, renferment tant de restrictions qu'on ne peut nullement les généraliser. D'ailleurs, les considérations morphologiques furent complètement négligées dans ces observations.

Il est cependant possible d'imaginer que le *Bacillus subtilis* qui, d'ordinaire, n'a aucune action virulente, acquière exceptionnellement une certaine virulence. Mais, dans ce cas, la question de l'espèce ne se poserait nullement pour lui, pas plus qu'elle ne se pose pour le *Bacillus anthracis* qui change beaucoup en s'atténuant, mais qui n'en reste pas moins, en tant que Bacille charbonneux, la cause ordinaire du charbon.

En s'appuyant sur d'autres expériences dont il va

être question à l'instant, M. Pasteur et M. Toussaint ont tenté, avec succès, de faire servir le Bacille atténué à des *vaccinations préventives* contre les effets du Bacille virulent.

Quand on inocule un animal avec un Bacille, atténué jusqu'à un certain degré que l'on détermine chaque fois, il résiste à la maladie et peut y échapper. Le Bacille de moindre virulence n'a plus d'effet sur lui et celui de virulence extrême ne le tue pas, lorsqu'on opère convenablement.

La confiance que l'on peut accorder à de pareils résultats et l'importance considérable qu'ils ont, au point de vue pratique, ont été appréciés très différemment : pour M. Koch et ses élèves, il faut en rabattre beaucoup des succès décisifs obtenus par l'école de M. Pasteur.

Pour nous, la question de pure pratique n'est pas de notre compétence; mais le fait que les vaccinations réussissent le plus souvent reste indéniable et les adversaires eux-mêmes en ont constaté à plusieurs reprises la portée pratique. Nous les enregistrons comme un résultat d'un intérêt scientifique considérable.

Maintenant que nous avons étudié les phénomènes que présente le *Bacillus anthracis* et la maladie qu'il occasionne, le charbon, il nous reste à savoir d'où vient l'action pathogène du Bacille virulent, à expliquer comment cette virulence s'atténue et comment se fait la vaccination dont nous avons parlé en dernier lieu.

C'est à cette dernière question de la vaccination que les connaissances actuelles nous permettent de répondre de la manière la plus satisfaisante. Mais pour qu'il n'y ait pas de malentendu, à ce propos, je tiens à déclarer expressément que nous nous appuierons, dans cette question comme dans toutes les autres, sur des expériences qui ont besoin d'être confirmées et d'être vérifiées par des travaux ultérieurs.

Cela dit, revenons à la vaccination et à l'hypothèse qui permet de l'expliquer. — Nous pouvons poser la question un peu différemment, en nous demandant comment il se fait qu'un animal peut être prémuni, rendu réfractaire contre l'action destructive d'un parasite pathogène. M. Metschnikoff a publié récemment des observations qui semblent avoir fait avancer d'un pas la question. Je vais les résumer parce qu'elles me semblent satisfaisantes : mais je n'ai pas eu le temps de contrôler par moi-même leur exactitude.

On sait que le sang des vertébrés est composé, en grande partie, de globules rouges, nageant dans un plasma sanguin liquide et, en moins grande quantité, de globules blancs, disséminés au milieu des premiers. Les animaux inférieurs n'ont pas de globules rouges; les globules blancs seuls existent chez eux :

ce sont des corps protoplasmiques incolores avec un noyau cellulaire. Parmi les nombreuses propriétés qui servent à les caractériser, nous ne retiendrons que la suivante : c'est que, semblables en cela à beaucoup d'autres corps protoplasmiques de structure analogue, ils changent constamment de forme pendant leur vie et la substance très molle et gélatineuse qui les compose, est animée d'un mouvement *amiboïde* qui fait apparaître et disparaître successivement des prolongements protoplasmiques, sur le pourtour de la cellule (fig. 20). A ces mouvements *amiboïdes*, comme on les appelle, s'ajoute la singulière propriété de retenir de petits corps solides ou des globules graisseux, et de les incorporer dans leur propre substance. Au moment où le corps étranger arrive au contact de la cellule amiboïde, les prolongements protoplasmiques le saisissent, l'enveloppent en l'englobant jusqu'à le faire arriver au centre de la substance cellulaire. Il peut être ensuite remis en liberté, mais il peut aussi être assimilé par la cellule et disparaître complètement.

M. Metschnikoff est parti de ces premiers faits bien connus et d'autres qu'il avait eu l'occasion d'observer lui-même chez quelques Crustacés : il avait vu, chez ces animaux, un Champignon particulier pénétrant dans l'intérieur de leur corps et dont les cellules avaient été englobées par les globules blancs du sang, puis détruites peu à peu. Il y avait eu, pour ainsi dire, lutte entre les cellules du Champignon parasite et les cellules amiboïdes du sang de l'animal. Ces observations avaient conduit M. Metschnikoff à rechercher comment les globules blancs du sang des vertébrés se comportaient vis-à-vis du Bacille du charbon. Il trouva que les bâtonnets virulents, inoculés à un animal très apte à contracter le charbon, comme un rongeur, n'étaient pas, à de rares exceptions près, englobés par les globules blancs du sang. Au contraire, les globules blancs des animaux, tels que le lézard ou la grenouille, qui sont naturellement réfractaires à la maladie, assimilent rapidement les bâtonnets, lorsque la température n'est pas artificiellement surélevée (fig. 20) et les font disparaître assez vite. La même chose arrive chez les animaux supérieurs, avec des Bacilles atténués.

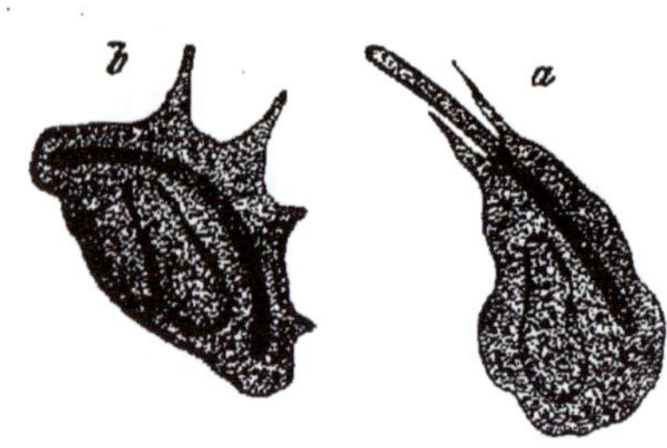

Fig. 20 (1).

M. Chauveau avait déjà montré précédemment que lorsque les Bactéries atténuées arrivaient dans le poumon et le foie, elles ne tardaient pas à disparaître. D'après toutes ces données, on doit ad-

(1) *a*. GLOBULE BLANC DU SANG DE GRENOUILLE en train de s'assimiler un bâtonnet de *Bacillus anthracis* — observé vivant dans une goutte d'humeur aqueuse. — *b*. Le même quelques minutes après : la forme a changé, le bacille est complètement englobé. — Dessiné à un fort grossissement, d'après M. Metschnikoff.

mettre, avec M. Metschnikoff, que l'innocuité du Bacille est due à ce qu'il est saisi par les globules blancs du sang, puis détruit par eux, et que ses propriétés nuisibles ne se déclarent que dans le cas contraire. Du moins, on peut dire que la Bactérie devient inoffensive quand les globules blancs arrivent à les détruire dans moins de temps qu'il ne faut pour assurer leur multiplication.

Si ces hypothèses sont exactes et si un Bacille virulent perd son action nuisible, après la vaccination et seulement après qu'elle a eu lieu, il faut admettre, en outre, que la vaccination a pour effet de permettre aux globules blancs d'acquérir la propriété, qu'ils ne possédaient pas auparavant, d'englober et de détruire les Bacilles virulents. Des expériences précises à ce sujet n'existent pas, il est vrai; mais, si l'on admet comme fondées les hypothèses que nous avons faites, on ne peut guère donner d'autre explication du phénomène, à savoir que l'introduction des Bacilles de virulence moindre a pour effet de prédisposer les globules blancs à s'assimiler les Bacilles de virulence plus grande, ce qu'ils n'eussent pas fait sans cette inoculation préalable.

L'immunité d'un animal et sa réceptivité vis-à-vis d'un parasite pathogène introduit dans le sang, dépendent donc des réactions que ce parasite subit de la part des globules blancs, et ces réactions peuvent être modifiées en habituant peu à peu ces derniers à subir l'influence d'individus dont la virulence se modifie elle-même, peu à peu. Ce serait là une explication partielle de l'influence exercée par l'introduction de vaccins plus ou moins atténués.

Mais alors une autre question se pose : pourquoi les Bacilles virulents ne subissent-ils, pour ainsi dire, aucune action de la part des globules blancs, chez un animal « neuf » et pourquoi les Bacilles atténués en subissent-ils une si facilement? Nous ne pouvons trouver une explication dans les différences morphologiques et anatomiques des animaux observés, il ne nous reste donc plus qu'à admettre que ces différences proviennent des variations dans les substances et les réactions chimiques internes. Comme il ne s'agit ici que d'animaux qui ne diffèrent pas sensiblement dans leurs propriétés physiologiques générales et que, d'autre part, le Bacille modifie notablement ses propriétés par l'atténuation, il semble naturel d'admettre que les changements chimiques dont nous parlons proviennent surtout du Bacille et non de l'animal. Les phénomènes conséquents à la vaccination, l'habitude, comme nous disions, que prennent les globules blancs d'assimiler des Bacilles de plus en plus virulents, tout cela ne contredit pas cette manière de voir.

Nous avons des exemples analogues de corps protoplasmiques simples qui sont capables de retenir des corps solides. Il suffit de rappeler les plasmodies des Myxomycètes chez qui on peut constater une certaine accoutumance au contact et, sans doute, à l'assimilation de corps étrangers ayant des propriétés chimiques données; tout d'abord cependant, ce contact ne peut se produire sans amener le retrait immédiat du protoplasma de la plasmodie. On peut, sans qu'il y ait besoin d'arguments plus nombreux, accorder aux globules blancs cette même propriété de pouvoir s'accoutumer que l'on constate chez les Myxomycètes, auxquels ils ressemblent à plus d'un point de vue.

De quel ordre sont les différences chimiques qui existent entre une Bactérie virulente et une autre qui ne l'est pas? C'est ce qu'on ne peut dire avec quelque précision : nous nous contenterons de résumer les quelques faits connus à ce sujet.

M. Pasteur a montré que la cause principale de l'atténuation ne résidait pas dans l'action de l'oxygène, mais dans l'élévation de la température; après lui, M. Chauveau, M. Koch et ses collaborateurs ont établi l'exactitude de cette idée en démontrant que, toutes choses égales d'ailleurs, le degré et la durée de l'atténuation, ainsi que le temps nécessaire pour obtenir cette atténuation, étaient en rapport direct avec la température et variaient en même temps que celle-ci, aussi peu qu'on le voulait.

D'ailleurs on ne sait absolument rien sur les causes de l'atténuation obtenue par M. Pasteur, par d'autres procédés, ni sur les causes du retour éventuel à la virulence primitive.

Si nous nous demandons maintenant de quelle manière le parasite arrive à produire son action, il n'est pas du tout possible de faire, à cette question, une réponse décisive. Quelques faits précis et quelques analogies conduisent seulement à donner une explication qui peut être vraisemblable.

Le premier fait qui nous servira est l'apparition d'un furoncle, d'un bouton charbonneux chez l'homme qui a gagné la maladie par inoculation accidentelle ou par blessure. Au point où le charbon a été introduit s'établit une inflammation locale de la peau, qui devient assez forte et qui est suivie, au bout d'un à deux jours, d'autres symptômes plus généraux. Cette inflammation diffère notablement des inflammations cutanées ordinaires, au même titre que les affections locales qui éclatent sous l'action d'un certain poison diffèrent de celles qui naissent sous l'influence d'un autre poison ou d'une autre substance.

L'existence de ce fait doit, me semble-t-il, faire repousser cette opinion, souvent soutenue, que le Bacille a une action purement mécanique, qu'il enlève au sang vivant dans lequel il est introduit, tout l'oxygène que ce sang contient (1). Il est plus naturel de

(1) Si l'action de la Bactérie charbonneuse sur l'oxygène des globules du sang n'est pas la seule qui se produise, on ne peut nier qu'elle ne joue un rôle très important dans les rapports qui s'établissent entre

dire que l'action du Bacille est une action toxique spéciale, qui lui est propre et qui est due à un virus particulier. Cela étant posé, il faut admettre encore que le virus est sécrété ou éliminé par le Bacille, sans quoi il n'agirait pas. C'est ce que semble prouver l'observation de M. Metschnikoff sur l'assimilation rapide du Bacille par le globule blanc, lorsque ce dernier n'a pas une grande virulence, et dans ces circonstances seulement. Le Bacille virulent doit donc posséder quelque chose de plus ou de moins qui lui donne des propriétés chimiques spéciales, que

la Bactérie et l'organisme où elle est introduite. C'est ce qui ressort nettement d'une note de M. Pasteur, présentée à l'Académie des sciences, le 16 juillet 1877.

Dans toutes les périodes de son existence, la Bactérie charbonneuse est essentiellement aérobie. Elle absorbe l'oxygène de l'air, en dégageant un volume de gaz acide carbonique sensiblement supérieur. Si l'oxygène lui manque, elle ne peut se dévolopper et meurt.

Or, dit M. Pasteur, « chez les êtres inférieurs, plus encore que dans les grandes espèces animales et végétales, la vie empêche la vie. Un liquide envahi par un ferment organisé ou par un être aérobie permet difficilement la multiplication d'un autre organisme inférieur, alors même que ce liquide, considéré dans son état de pureté, est propre à la nutrition de ce dernier. Or il faut considérer que le sang vivant, c'est-à-dire en pleine circulation, est rempli d'une multitude infinie de globules qui ont besoin, pour vivre et pour accomplir leur fonction physiologique, de gaz oxygène libre : on peut dire que les globules du sang sont des êtres aérobies par excellence. Lors donc que la Bactérie charbonneuse pénètre dans un sang normal, elle y rencontre un nombre immense d'individualités organiques prêtes à ce que l'on appelle quelquefois, dans un langage imagé, la lutte pour la vie ; prêtes en d'autres termes, à s'emparer pour elles-mêmes de l'oxygène nécessaire à l'existence des bactéridies. »

On peut faire, à ce propos, une expérience très curieuse. Dans de l'urine neutre ou légèrement alcaline, liquide très favorable au développement de la Bactérie du charbon, semons, en même temps que celle-ci, des Bactéries communes, très avides d'oxygène. La Bactérie

l'autre n'a pas. Ces propriétés doivent appartenir aux parties périphériques, aussi bien qu'aux parties centrales, car le globule blanc ne manifesterait pas de réaction au simple contact.

Nous ne savons rien de plus sur la nature et sur l'existence de ce virus sécrété par le Bacille. Tous les efforts que l'on a faits pour l'isoler sont demeurés infructueux. Si l'on sépare les Bactéries contenues dans un sang charbonneux, du liquide sanguin, ce qui est rendu possible par la filtration à travers de l'argile ou du plâtre, l'injection du liquide filtré ne

charbonneuse se développe mal et finit par périr. Il en est de même si les deux espèces de Bactéries sont inoculées dans le sang d'un animal : celui-ci résiste et échappe à la mort. Enfin la Bactérie se développe difficilement quand on l'inocule dans la jugulaire d'un animal, très sensible d'ailleurs, comme le cochon d'Inde.

Ces diverses expériences permettent de donner une explication très nette, nous l'avons vu, de ce qui se passe lorsqu'on introduit la Bactérie charbonneuse dans le sang d'un animal vivant. L'animal guérit ou ne subit aucune atteinte lorsque, pour une cause quelconque, le globule sanguin l'emporte sur l'organisme pathogène. C'est ce qui arrive, par exemple, chez les oiseaux qui sont naturellement réfractaires au charbon. Cela tient à ce que la température moyenne de leur corps est de 42° environ et qu'à cette température le Bacille du charbon se développe péniblement. Qu'arrive-t-il si, comme l'a fait M. Pasteur, on abaisse la température du corps de l'oiseau ? La Bactérie reprendra le dessus et l'animal périra. Il suffit, en effet, de plonger dans l'eau à 25° les pattes d'une poule inoculée, ce qui la ramène au bout d'un peu de temps à 37° ou 38°, pour la voir mourir du charbon en 24 ou 36 heures.

Quant au virus sécrété par la Bactérie, on n'a pas encore pu l'isoler. On n'a pu que signaler la présence d'un ferment soluble qui a pour effet d'agglutiner les globules sanguins et de ralentir la circulation sanguine dans les capillaires.

Quoi qu'il en soit, on voit nettement que c'est encore l'asphyxie des globules sanguins qui est le phénomène prédominant dans l'action des Bactéries du charbon sur les animaux vivants.

donne plus le charbon. Ces résultats négatifs montrent quel est le point faible de notre argumentation. Si, malgré tout, nous continuons à soutenir notre hypothèse, ces résultats prouvent que le poison sécrété par la Bactérie n'existe que dans des proportions très faibles; ou bien qu'il est détruit très rapidement aussitôt après sa sortie du sang vivant et qu'il devient inactif; ou encore que l'une et l'autre de ces hypothèses se réalise.

Quant aux analogies que nous pouvons invoquer en faveur de notre thèse de la sécrétion et de l'action d'un virus particulier, on les trouvera dans ce fait qu'il existe des substances qui, en très petites quantités, peuvent produire des effets considérables : ce sont les *Ptomaïnes* (1) que l'on trouve sur les cada-

(1) On donne le nom de *Ptomaïnes* à des substances possédant les caractères généraux des alcaloïdes et que M. Selmi de Bologne trouva, en 1872, dans les extraits de cadavres de personnes mortes naturellement. Le nom de Ptomaïnes semble faire croire à une origine cadavérique constante. Il n'en est rien cependant, car M. Gautier qui, depuis 1873, s'est occupé de leur étude, a rencontré de ces alcaloïdes, non seulement dans les cadavres, mais dans tous les liquides putréfiés et même dans un grand nombre de tissus vivants parfaitement sains.

Les Ptomaïnes ont des propriétés toxiques remarquables. Le premier alcaloïde que l'on ait ainsi rencontré, dans des liquides en putréfaction, est un corps appelé *Sepsine* que Bergmann et Schmiedeberg ont trouvé, il y a près de vingt ans, dans de la levure putréfiée. En 1869, M. Zulzer et Sonnenschein ont étudié un second alcaloïde dans des infusions de viandes vieilles de un à deux mois.

On a essayé pendant quelque temps, après les recherches de M. Selmi, de trouver des réactifs pour distinguer sûrement les alcaloïdes de la putréfaction des alcaloïdes ordinaires. MM. Brouardel et Boutmy, en particulier, ont signalé le ferricyanure de potassium que les Ptomaïnes réduisent très rapidement, tandis que les alcaloïdes végétaux n'ont sur lui qu'une action très lente. Mais depuis les travaux de M. Gautier,

vres, après la mort, et qui sont des produits de sécrétion d'autres Bactéries que celles du charbon. Il est vrai de dire qu'elles proviennent aussi de matières organiques mortes. Mais l'on peut citer une substance sécrétée, analogue aux Ptomaïnes, et dont M. Pasteur a signalé l'existence dans le choléra des poules, maladie que nous allons étudier dans un instant, qui est semblable au charbon, en ce sens qu'elle est due à une Bactérie parasitaire.

Mais avant d'aborder cette seconde étude, disons encore quelques mots de l'atténuation.

Si nous supposons que le *Bacillus anthracis* est une espèce distincte, il est assez étonnant de voir que, contrairement à ce qui se passe d'ordinaire, il a, dans un cas, une influence nuisible, et aucune influence dans un autre. Nous trouvons cependant, ailleurs que chez le Bacille du charbon, des exemples de faits semblables.

Nous pouvons citer, à ce sujet, un fait rapporté pour la première fois par M. Nægeli, si je ne me trompe, à propos des amandes douces et des amandes amères. Ces dernières contiennent un principe vénéneux, sans être d'ailleurs nuisible à l'homme,

qui a signalé l'existence des Ptomaïnes (Voir la note de M. Gautier, publiée récemment dans le *Bulletin de l'Académie de médecine*, février 1886) dans les produits des tissus vivants, il devient inutile de vouloir distinguer deux catégories d'alcaloïdes, puisque rien ne distingue théoriquement leur origine (Consulter la *Chimie biologique* de M. Duclaux, p. 769 et sq.).

et se développant sous l'influence de l'amygdaline. Les premières n'ont pas d'amygdaline et ne sont pas vénéneuses. Cependant, les arbres qui portent ces deux espèces de fruits ne sont pas spécifiquement distincts : une amande peut donner naissance à un arbre portant des fruits de l'une ou de l'autre espèce ; les deux sortes d'amandes peuvent même être portées par le même arbre, sans que les fleurs et les fruits présentent aucune différence morphologique appréciable. D'où cela provient-il, quelle est la cause de ce phénomène? Personne n'en sait rien, et si l'exemple que nous venons de rappeler ne nous donne pas l'explication demandée, il nous servira du moins à montrer que nous n'avons pas affaire à un phénomène spécial aux Bactéries ou à une Bactérie en particulier, mais qu'il se rencontre ailleurs et qu'il rentre dans la série générale des phénomènes vitaux.

CHOLÉRA DES POULES.

Le choléra des poules (1) est une maladie qui s'attaque de préférence à la volaille de nos basses-cours et qui montre, sur les points qui nous intéressent, des phénomènes analogues à ceux que nous avons étudiés dans le charbon.

(1) Pasteur. — Comptes rendus, T. 90 (1880), p. 239, 952, 1030; T. 92 (1881), p. 426. — Semmer. — *Ueber die Hühnerpest*. Deutsche Zeitschrift für Thiermedicin, T. 4 (1878), p. 244.

La maladie décrite par Perroncito : Archiv. f. wiss. u. pract. Thierheilkunde, T. 5 (1879), p. 22, ne semble pas être le choléra des poules.

M. Pasteur, qui a fait l'étude de cette maladie, en a distingué deux types : la maladie aiguë et la maladie chronique. Les symptômes caractéristiques de la première forme sont un état d'ahurissement profond et de sommeil prolongé ; l'animal repose à terre, les yeux fermés, les plumes hérissées, immobile et insensible : cet état général s'accompagne d'inflammations et d'ulcérations profondes de l'intestin. A l'autopsie, on trouve des abcès dans différents organes, une dégénérescence graisseuse des muscles, etc. Cet état se termine, au bout de deux à vingt et un jours, par la mort : la guérison est très rare.

La forme chronique présente les mêmes symptômes, mais avec des caractères moins prononcés ; dans certains cas, il ne se produit que des abcès locaux. La maladie peut se prolonger pendant plusieurs semaines et se terminer assez fréquemment par la guérison.

L'autopsie faite chez les animaux qu'on sacrifie pendant qu'ils sont malades ou qu'on laisse succomber à la maladie, montre dans le sang, dans les abcès, dans la muqueuse intestinale, une grande quantité de petites cellules rondes. Ce sont des *Microcoques* ou des *Bacterium* en courts bâtonnets. Leur caractère morphologique principal est de se multiplier par bipartition et de ne présenter aucune mobilité. On n'a pas observé non plus la formation de spores endogènes. C'est tout ce qu'on peut dire de général, à ma connaissance, des résultats connus et je n'ai pu, pour ma part, avoir l'occasion de faire des recherches personnelles sur cette maladie.

Le Microcoque du choléra des poules peut être cultivé en dehors de l'organisme : il se développe admirablement bien dans du bouillon de poule neutralisé, moins bien ou pas du tout dans d'autres liquides, suivant M. Pasteur. La présence de l'oxygène est nécessaire à sa végétation. On le voit, dans les liquides de culture, au fond des vases lorsque la végétation est terminée ou lorsque le liquide est épuisé : il vit pendant huit mois en présence de l'air, et beaucoup plus longtemps quand l'air n'est pas renouvelé ; dans ce dernier cas, on le cultive en vase clos, et il se montre capable de végéter de nouveau dans les liquides appropriés.

Quand on prend une quantité très petite de Micrococcus, chez un animal malade ou mort depuis peu, dans ses excréments ou dans une partie quelconque de son corps, et qu'on le cultive dans des cultures dont la pureté est absolue, il s'accroît très vite, se multiplie aisément et se montre susceptible de reproduire la maladie. L'affection se développe aussi bien par inoculation sous la peau que par introduction, dans le canal digestif, d'aliments contaminés. En dehors des oiseaux, M. Pasteur a pu reproduire la maladie chez les mammifères ; en particulier chez les lapins qui succombent à la contagion, chez les cobayes qui ne présentent que des lésions localisées aux points d'inoculation, avec des abcès contenant des masses de Microcoques, restant toujours cantonnés dans un espace très restreint : les cobayes finissent par guérir.

Ce que nous venons de dire suffit pour montrer qu'il s'agit ici, comme dans le cas du charbon, d'un parasite pathogène « facultatif » dont l'évolution et les phénomènes vitaux, surtout dans la période qui correspond à l'état de Saprophyte, ne sont pas aussi bien étudiés ni aussi bien définis que pour le Bacille du charbon.

M. Pasteur a trouvé, de plus, que les propriétés infectieuses des Microcoques du choléra des poules sont diminuées par une longue conservation dans un milieu où l'air ne pénètre pas. Le nombre des inoculations qui réussissent et l'intensité de l'affection qui en résulte, diminuent avec l'âge de la culture employée dans l'inoculation. Les cas précédemment cités de maladies peu intenses et finissant par disparaître, sont surtout des cas où l'inoculation avait été faite dans les conditions que nous venons de dire. Il se produit, en d'autres termes et comme on dit souvent, une « atténuation » dans la virulence du Microcoque, atténuation qui augmente avec l'âge du parasite.

Les individus qui guérissent se montrent — ordinairement sinon toujours — réfractaires à de nouvelles inoculations virulentes : ils ont acquis une parfaite immunité. C'est même sur ces premières expériences que M. Pasteur a fondé sa méthode des vaccinations qu'il a étendue ensuite au charbon.

Séparons, par filtration, le Microcoque du bouillon de culture dans lequel il a vécu : — pour cela, le simple papier à filtre ne suffit pas ; il ne s'oppose nullement au passage des Bactéries, et il faut employer des filtres d'argile poreuse. Dans ces conditions, le liquide filtré n'est plus capable de donner la maladie, même après injection de 120 grammes du liquide dans le sang d'un animal. Un seul symptôme de la maladie persiste encore : c'est l'assoupissement prolongé. Les animaux, inoculés ainsi, deviennent somnolents et tombent dans une insensibilité profonde : cet état dure environ quatre heures et disparaît pour faire place à l'état normal.

Cette observation prouve que l'on a affaire, en réalité, à un poison distinct de la Bactérie, qui produit l'effet d'un narcotique et, à ce point de vue, le choléra des poules est particulièrement instructif, puisqu'il nous montre la variété des actions exercées par un parasite pathogène. L'action du virus dans ces expériences est peu violente et très passagère : cela s'explique par la quantité très petite qui se trouve dans le liquide injecté et peut-être par ce fait qu'il est détruit, en partie, dans l'organisme ou éliminé par les voies ordinaires de l'excrétion. Quand la

Bactérie qui sécrète le poison, est introduite dans le corps d'un animal, il en est autrement, même en laissant de côté les conditions les plus favorables, en apparence, à la sécrétion du virus. Tant que ce dernier est détruit par l'organisme animal ou éliminé, le parasite continue à en produire, pour remplacer celui qui disparaît et les symptômes de la maladie s'accentuent de plus en plus dans certains cas, jusqu'à amener la mort. A cela s'ajoutent les complications qu'entraîne l'action purement mécanique du parasite que l'on ne doit pas négliger.

XIIIe LEÇON.

MALADIES INFECTIEUSES CAUSÉES PAR DES BACTÉRIES, CONSIDÉRÉES SURTOUT CHEZ LES ANIMAUX A SANG CHAUD. — INTRODUCTION. — FIÈVRE RÉCURRENTE. — TUBERCULOSE. — GONORRHÉE. — INFECTIONS QUI SUIVENT LES BLESSURES. — ÉRYSIPÈLE. — TRACHOME. — PNEUMONIE. — LÈPRE. — CHARBON SYMPTOMATIQUE. — MALARIA. — FIÈVRE TYPHOIDE. — DIPHTÉRIE. — CHOLÉRA. — MALADIES INFECTIEUSES DONT ON N'A PAS TROUVÉ LES BACTÉRIES PATHOGÈNES.

Nous serions heureux de pouvoir ajouter aux deux exemples précédents de maladies causées par des parasites facultatifs, un type de maladie due à un organisme rigoureusement parasitaire : malheureusement nous n'en pouvons trouver aucun qui soit connu avec assez de détails, pour se prêter à une exposition méthodique complète. Nous devons nous contenter purement et simplement d'un aperçu général sur ce que nous savons des maladies infectieuses.

Nous allons donc exposer brièvement les faits les

plus importants qui ont rapport à l'action des Bactéries sur la production des maladies infectieuses chez les animaux à sang chaud et en particulier chez l'homme (1).

On entend par *maladies infectieuses* les maladies qui peuvent être transmises d'une personne à l'autre par contact ou par tout autre moyen et qui sont cantonnées dans certaines contrées plus ou moins bien délimitées. Les premières portent aussi le nom de *maladies contagieuses* : la fièvre scarlatine, la rougeole, la petite vérole en sont des exemples bien connus. Les autres, parmi lesquelles nous citerons spécialement la fièvre intermittente, sont des *maladies endémiques*. On peut combiner ces deux termes et avoir des maladies qui sont à la fois contagieuses et endémiques, ce qui peut se faire de deux manières différentes. La maladie peut être contagieuse et cantonnée dans certaines localités seulement, par suite de la présence, dans ces lieux, de personnes contaminées : il n'y a pas alors endémie proprement

(1) Il conviendrait de citer, à propos des maladies infectieuses, une très riche Bibliographie médicale. En nous bornant à des travaux généraux sur ce sujet nous citerons :

Liebermeister. — *Einleitung zu den Infectionskrankheiten* in Ziemssen's Handbuch, T. 2. — J. Henle : *Patholog. Untersuchungen*, Berlin, 1840, T. 1. — De Bary : *Die Brandpilze*, Berlin, 1853. — Id. : *Recherches sur le développement de quelques champignons parasites*. Ann. Sc. nat. Bot. 4e série, T. 20. — Id. : *Morphologie u. Biologie d. Pilze*, 1884. — Id. : in *Jahresbericht d. Medicin* de Virchow et Hirsch II (1867), 1, p. 240. — Klebs : *Archiv. f. Exp. Path. u. Pharmac.* I (1873), etc.

dite; ou bien une maladie endémique peut devenir contagieuse dans certaines conditions sans l'être en général.

Il faut ajouter qu'il n'y a pas longtemps, on parlait encore de maladies infectieuses dans les cas où elles étaient dues à des causes mal connues qu'on désignait sous le nom de *miasmes*. Lorsqu'elles étaient notoirement dues à des parasites, plus particulièrement à des Entozoaires comme l'*Acarus*, qui transportaient la maladie d'un individu à l'autre, on les qualifiait de maladies *parasitaires*.

Quels étaient ces miasmes invisibles et inconnus, de quoi se composaient-ils? Les hypothèses les plus étranges étaient émises à ce sujet et l'on admettait que l'on avait affaire à certaines substances *infectieuses* qui agissaient à l'état de division extrême et en quantités infiniment petites.

On a attribué depuis longtemps à ces substances infectieuses ou à ces miasmes, quel que fût le nom qui servait à les désigner, les propriétés générales des êtres vivants. Tout d'abord, à l'époque où l'on commença à parler de ce qu'on appelait un *contagium vivum* ou *animatum*, on s'expliqua d'une manière vague et très peu précise. On ne commença à se faire des idées exactes, à ce sujet, que vers 1840, au moment où Henle dans ses « *Recherches pathologiques* » développa avec clarté et précision les raisons qui faisaient accorder aux miasmes, jusqu'alors invisibles, les propriétés des organismes vivants. Son argumentation peut se résumer brièvement de nos jours, de la manière suivante.

Les miasmes ont en commun avec les êtres vivants la propriété caractéristique de s'accroître dans certaines conditions, de se multiplier aux dépens d'une autre substance que la leur, par suite, d'assimiler des matières étrangères. La quantité infiniment petite de miasmes nécessaire pour infester un individu sain peut augmenter d'une manière considérable dès qu'elle a été introduite dans le corps du malade contaminé : celui-ci peut, après cela, infester par contact un nombre excessivement grand d'autres individus et transmettre ainsi un très grand nombre de fois la quantité de miasmes qu'il a reçue lui-même. Mais puisqu'on reconnaît aux miasmes la propriété principale qui appartient aux seuls être vivants, il n'y a pas de raison pour ne pas admettre qu'ils sont eux-mêmes des êtres vivants, des parasites. La seule différence qui existe entre eux et les parasites connus précédemment, est qu'on avait pu voir ceux-ci sans qu'il eût été encore possible d'observer ceux-là. Cette différence tout apparente tient sans doute à l'imperfection de nos moyens d'observations : à cette époque d'ailleurs, ne venait-on pas de découvrir le parasite de la gale, resté si longtemps inconnu? Il en était de même de l'*Achorion*, un autre parasite, Champignon microscopique celui-là.

Ne venait-on pas de trouver, par suite d'un hasard heureux, le Champignon qui cause la maladie du vers à soie appelée *Muscardine?*

Vers 1850 un autre argument vint s'ajouter à ces faits, comme une preuve éclatante de l'existence des parasites inconnus jusque-là : ce fut la découverte de la *Trichine*. Henle reprit l'exposition de ces divers faits dans sa « *Pathologie rationnelle* » qui parut en 1853. Mais il trouva, pour des motifs que nous n'examinerons pas plus longtemps ici, que la pathologie animale, considérée isolément, ne lui fournissait pas d'arguments probants et décisifs.

Ce fut surtout dans le domaine de la pathologie végétale, que les vues de Henle trouvèrent une application sérieuse et des développements inattendus. A la vérité, les botanistes qui s'occupèrent des maladies des plantes, ignoraient absolument les travaux pathologiques de Henle : ils firent leurs observations qui se relièrent naturellement à quelques études remarquables qui dataient du commencement du siècle. Mais, en réalité, ils se rencontrèrent sans le savoir avec Henle et, depuis 1850 environ, les divers travaux qui furent faits sur les maladies contagieuses des plantes montrèrent presque toujours, que ces maladies étaient dues, en grande majorité, à des parasites, que c'étaient par conséquent des maladies parasitaires. On peut dire sans exagération que l'étude de ces maladies ne présentait pas de très grandes difficultés, soit à cause de l'organisation beaucoup plus simple des végétaux, soit à cause de la nature de leurs parasites qui sont en grande partie des Champignons, beaucoup plus gros que la plupart des parasites qui s'attaquent aux animaux.

Ce furent en partie ces progrès faits en botanique, qui influèrent plus ou moins sur les travaux ultérieurs; ce furent aussi les découvertes de M. Pasteur et sa nouvelle conception vitaliste des fermentations qui appelèrent l'attention sur les idées de Henle et sur sa théorie des germes vivants causes des contagions. D'ailleurs, Henle avait déjà indiqué lui-même les rapprochements qu'on pouvait faire entre la théorie qu'il exposait et celle des fermentations qui avait été entrevue pour la première fois en France, par Cagniard-Latour et plus tard par Schwann en Allemagne.

Ce furent les travaux de M. Pasteur, Davaine le dit expressément, qui attirèrent de nouveau l'attention de ce dernier savant sur les bâtonnets que son maître Rayer avait vus le premier dans le sang charbonneux : il n'hésita pas à leur attribuer dès lors la cause originelle de la maladie du charbon, que l'on peut considérer comme le type des maladies infectieuses ou des maladies contagieuses ou enfin des maladies endémiques, suivant la manière dont le charbon prend naissance. C'est ainsi que l'année 1863 vit s'accomplir un progrès important dans le sens des idées de Henle, lorsqu'on reconnut qu'une maladie contagieuse pouvait être due à un parasite très petit qu'on ne savait d'ailleurs pas, à cette époque, distinguer facilement.

Pendant assez longtemps la science resta stationnaire sur cette question. Il serait plus juste de dire qu'un zèle exagéré conduisit quelques auteurs inexpérimentés, surtout en Allemagne, à voir et à chercher partout des parasites : l'épidémie de choléra qui sévit en 1866 dans une partie de l'Europe contribua à augmenter cette ardeur inconsidérée qui eut pour résultat de détourner les observateurs sérieux de ces recherches où les erreurs n'étaient plus à compter ; actuellement, on a oublié cette période qui date de vingt ans et ce n'est pas la peine d'en parler plus longuement.

Depuis 1870 on est revenu avec plus d'attention à ces questions. Le nombre des travaux qui s'y rapportent augmente de jour en jour et il ne peut entrer dans le cadre de notre ouvrage de les considérer tous en détail. Les études de Cohn et de Billroth, que nous avons déjà mentionnées, celles de Recklinghausen et de Klebs, au point de vue pathologique en particulier, doivent être citées avec honneur. C'est à M. Klebs que revient le mérite d'avoir non seulement montré que les idées nouvelles s'accordaient bien avec celles de Henle, mais encore d'avoir exposé clairement la marche à suivre et les méthodes à employer pour arriver à la solution du problème : on peut lui reprocher peut-être d'avoir mis un peu trop de précipitation à son étude.

M. Pasteur et son école poursuivaient de leur côté la même voie. On arriva ainsi, grâce à leurs travaux, à étendre le champ des expériences, le nombre des résultats acquis et des problèmes nouveaux soulevés. Nous citerons, en dernier lieu, la part que prit à ces divers travaux M. Robert Koch, à partir de 1876. Ce dernier observateur tout en suivant la voie que lui avaient tracée d'éminents prédécesseurs, parvint à marcher en avant en s'aidant avec intelligence de tous les résultats connus que lui offraient la morphologie, la science microscopique et expérimentale. Il réussit de la sorte à obtenir des résultats nouveaux sur des questions qui n'avaient pas encore été élucidées ; nous voulons surtout faire allusion à ses études sur l'étiologie du charbon où il a indiqué des procédés nouveaux qui l'amenèrent à faire des progrès sensibles dans cette question.

Ce qui ressort d'une manière générale de tous ces efforts, c'est qu'on est arrivé à démontrer, comme on l'avait fait chez les végétaux depuis trente ans, qu'il existe très certainement chez les animaux des maladies occasionnées par un parasite microscopique et qu'il en est un grand nombre, autrefois contestées, que l'on doit ranger désormais parmi les maladies réellement contagieuses. En second lieu il existe quelques maladies où l'on ne peut encore que soupçonner, comme très probable, l'existence d'un parasite. Enfin, il est quelques maladies, en nombre notable, qui ont résisté jusqu'ici à toutes les recherches et dont la nature parasitaire n'est pas connue ou bien est fort douteuse.

Il faut ajouter à ces conclusions qu'à part quelques affections cutanées et les maladies qui s'y rapportent, dans lesquelles on a constaté la présence d'un parasite relativement gros, Champignon ou autre, le plus grand nombre des maladies contagieuses qui se déclarent chez les animaux à sang chaud sont dues à des *Bactéries*.

Les quelques faits connus jusqu'ici ont conduit quelques esprits à généraliser la théorie de Henle et à l'accepter comme un dogme. On peut admettre cette manière de voir tant qu'on apporte dans les recherches des convictions personnelles sérieuses, basées sur quelque chose de précis et qu'obéissant aveuglément à l'influence du parti pris, on ne repousse pas de prime abord la possibilité d'une autre explication. Lorsque le parasite, réclamé par la théorie, n'a pas été trouvé, il ne faut pas, on doit l'avouer, en conclure qu'il n'existe pas : sa petitesse, sa réfringence, une expérience mal conduite qui le fait chercher où il peut ne pas être et dans des moments où il n'existe pas, enfin une foule d'autres raisons peuvent avoir contribué à le faire échapper à l'observation. Rappelons seulement qu'en 1840, au moment où Henle exposait sa théorie, on n'avait pas encore vu le Bacille du charbon; si l'on avait vu la Trichine, on n'en soupçonnait encore nullement les propriétés pathogènes.

Quoi qu'il en soit, dans tous les cas douteux ou nouveaux, on s'empresse de chercher s'il y a une Bactérie. En principe, on a tort. En pratique, on peut avoir raison de chercher la présence d'un tel parasite que les méthodes actuelles assez perfectionnées permettent de trouver en général — lorsqu'il existe. Mais il n'est pas absurde de supposer qu'on peut avoir affaire, par exemple, à toute autre espèce d'organisme tout à fait inattendu et sur lequel on ne sait peut-être pas grand'chose. Combien y a-t-il de temps que l'on possède sur les Bactéries quelques notions précises? Il nous suffira, pour appuyer nos paroles, de citer les faits surprenants qu'on a eu à enregistrer dans l'étude pathologique des végétaux et l'histoire de la Pébrine sur laquelle nous ne tarderons pas à revenir.

Si, malgré tout, la théorie préconçue l'emporte sur le raisonnement, on est facilement exposé au danger de conclure trop vite de l'existence d'une Bactérie que l'on vient de trouver, la qualité parasitaire de la maladie. Ce que nous avons dit précédemment (Vme Leçon) de la propagation facile des germes, nous montre sans peine qu'un organisme malade peut renfermer des Bactéries se développant avant ou après la mort, qu'une forme spéciale, même constante, peut servir à caractériser la maladie et peut entrer en ligne de compte dans le diagnostic, sans que cette Bactérie joue, en quoi que ce soit, le rôle de Bactérie pathogène.

Pour s'assurer, en toute évidence, qu'une Bactérie donnée est l'agent principal d'une maladie, il faut, de la manière la plus formelle, arriver à des résultats clairs et précis par des expériences bien faites. Pour cela, il faut séparer tout d'abord l'organisme pathogène et l'obtenir avec la plus grande pureté; puis on l'inoculera, à cet état, à un animal auquel il devra communiquer la maladie que l'on étudie. Le tout devra être suivi du contrôle le plus rigoureux et de la critique sérieuse des résultats obtenus. L'exemple du charbon est un type de précision et de rigueur.

Dans quelques cas, les inoculations peuvent ne pas avoir les résultats que l'on semble être en droit d'espérer : nous citerons, comme exemple, les travaux précis de M. Gaffky sur la fièvre typhoïde et ceux de M. Lœffler sur la diphtérie.

Ce que nous venons de dire suffira pour faire comprendre pourquoi nous aurons, dans ce qui suit, à parler de cas douteux ou de résultats peu décisifs.

Cela étant posé, passons à l'étude des faits. Nous

l'avons déjà dit, nous n'avons pas d'autre intention que celle de résumer les recherches les plus importantes qui ont trait à l'étude des Bactéries pathogènes. Une description détaillée des maladies, dont nous aurons à parler, ne peut entrer dans notre programme et nous ne pouvons que renvoyer le lecteur aux traités spéciaux de médecine.

Remarquons toutefois, avant de commencer cette étude, que dans tout ce que nous aurons à considérer, nous retrouverons sans cesse les phénomènes et les problèmes qui se sont présentés un peu plus haut dans l'étude du charbon, dans celle du choléra des poules et que nous avons examinées assez longuement. Ils rentrent dans l'ordre des questions que nous avons étudiées à propos du parasitisme, considéré en général, sur lequel nous avons insisté dans la dixième Leçon.

Nous allons commencer l'étude de quelques maladies relativement bien connues, en ayant soin de nous reporter, s'il y a lieu, aux considérations générales exposées plus haut.

1. FIÈVRE RÉCURRENTE.

La fièvre récurrente ou typhus (1) est une maladie très répandue en Asie et en Afrique, endémique en

(1) Obermeier. — *Berl. Klin. Wochenschr.* 1873. — Cohn : *Beitr. z. Biol. d. Pfl.* I, 3, p. 196. — Heydenreich : *Unters. über d. Paras. d. Rückfalltyphus.* Berlin, 1877. — R. Koch : *Mittheil. d. Reichsgesundheitsamtes*, I.

Europe, dans la Pologne russe, en Irlande, et faisant quelquefois son apparition dans d'autres contrées européennes. Elle est contagieuse et se communique de personne à personne par le contact d'objets ayant servi au malade. Cinq ou sept jours après la contagion, se déclare une fièvre violente accompagnée d'autres symptômes que nous n'avons pas à détailler ici : la fièvre dure également de cinq à sept jours et cesse pendant un égal laps de temps, suivi bientôt d'un retour de la fièvre et ainsi de suite. Ces alternances successives peuvent se renouveler plusieurs fois pour se terminer heureusement par la guérison, dans la plupart des cas.

Pendant la durée de la fièvre, le sang du malade qui est alors d'un rouge noirâtre, contient un très grand nombre de *Spirillum* très ténus, assez semblables au *Spirochœte buccalis* représenté dans la figure 17 (*e.* page 221) mesurant 40 μ de longueur et doués de mouvement très vifs. Ils ont été découverts en 1873 par Obermeïer et on leur a donné le nom de *Spirochœte Obermeieri*. Ils disparaissent d'ailleurs en même temps que la fièvre.

La maladie se déclare chez l'homme et chez le singe après inoculation de sang renfermant des *Spirochœte*, c'est-à-dire de sang pris pendant la période de fièvre. En dehors de cette période, l'inoculation du sang ne produit aucun malaise : des tentatives d'inoculation sur d'autres animaux sont toujours restées sans succès. Il en est de même de la culture du *Spirochœte* en dehors de l'organisme des animaux; on n'a jamais pu réussir à le reproduire.

On peut admettre d'après ce qui précède, que la fièvre récurrente a pour cause le *Spirochœte*, bien que l'histoire du développement de cet organisme soit très incomplètement connue. On ne sait pas du tout ce qu'il devient pendant la période de repos, ni comment et sous quelle forme il se transmet ; on ne connaît pas davantage la formation de ses spores ni la manière dont il se multiplie.

2. TUBERCULOSE.

Autant que l'on en peut juger, l'un des résultats les plus importants, pour la médecine pratique, que l'on ait obtenus dans les recherches sur les Bactéries pathogènes, a été la découverte par M. Koch (1) du parasite de la tuberculose, du Bacille de la tuberculose dont il a été souvent question depuis. Le nom de *tuberculose*, donné à la maladie que nous étudions en ce moment, provient de l'un de ses caractères principaux qui est la formation d'espèces de tubercules, pour ainsi dire, dans le tissu de l'organe où se développe le Bacille. La plus connue est

(1) R. Koch. — *Die Aetiologie d. Tuberculose.* — Mittheil. d. Reichsges. II. — Malassez et Vignal : *Tuberculose zoogléique.* Comptes rendus Acad. Sc. T. 97 (1883), p. 1006; T. 99 (1884), p 203.

la tuberculose qui a son siège dans le poumon, la tuberculose pulmonaire à laquelle on donne vulgairement le nom de *phthisie* ; du reste, aucun organe n'échappe à la tuberculose : on la rencontre très fréquemment dans les ganglions lymphatiques en particulier.

En dehors de l'homme, la tuberculose peut s'attaquer à des animaux très divers. Elle peut se propager parmi nos animaux domestiques ordinaires et ceux qui servent habituellement aux expériences de laboratoire. Chaque espèce est caractérisée par une prédisposition variable à la maladie : la souris des champs, par exemple, y est très sensible ; celle de nos habitations beaucoup moins. Les premières altérations anatomiques que produit la tuberculose débutent toujours de la même manière. Ce n'est qu'au bout de quelque temps que la maladie peut suivre une marche un peu différente et donner lieu à des symptômes qui varient beaucoup suivant les individus.

Les tubercules qui se forment, surtout au commencement de la maladie, contiennent, comme l'ont montré à la fois M. Koch et M. Baumgarten, un Bacille caractéristique en forme de bâtonnet. Ce Bacille existe constamment, d'après les deux auteurs que nous venons de citer, quoiqu'on le rencontre en quantité très variable suivant l'époque de la maladie et le moment de l'observation. On peut d'ailleurs l'obtenir pur et le cultiver à l'état de pureté parfaite pendant plusieurs générations, dans du sérum de sang coagulé ou dans de l'extrait de viande.

La contagion peut se produire de bien de manières : on peut faire simplement à des animaux appropriés des inoculations sous-cutanées de tissu tuberculeux ou de liquide contenant une culture pure de Bacilles ; on peut le propager par des injections intra-veineuses ou autres dans un point quelconque du corps ; une inhalation d'eau contenant le Bacille de la tuberculose, le faisant pénétrer dans les voies digestives et respiratoires, est suffisante, dans tous les cas, pour reproduire la tuberculose sans aucune exception. La maladie se développe avec toutes ses conséquences, et l'organe infecté renferme toujours les Bacilles pathogènes.

Les expériences de M. Koch ont porté sur 217 animaux différents : lapins, cobayes, chats, souris des champs, etc., sans compter les animaux témoins servant de contrôle et ceux qui appartenaient à des espèces moins sensibles, qui n'entrent pas ici en ligne de compte. Dans toutes ces expériences, on obtint des résultats concordants, quant aux points d'apparition des tubercules, quant à leur nombre, quant à leur extension et à la manière dont se fait leur propagation dans les tissus. En ajoutant à ces premiers résultats ceux que donnèrent un grand nombre d'expériences de contrôle, on peut conclure avec certitude que la tuberculose est une maladie infectieuse, due à un Bacille.

Au point de vue des études morphologiques, ce que nous savons du Bacille laisse par contre beaucoup à désirer. Les observateurs qui l'étudièrent crurent avoir assez fait d'avoir prouvé son existence, ce qui leur fut relativement facile à cause de la réaction particulière qu'il présente sous l'influence des couleurs d'aniline. Contrairement à ce qui se passe avec la plupart des Bactéries connues, il se colore lentement et avec difficulté, — au bout de plusieurs heures seulement et sous l'action combinée de la chaleur, — par une solution alcaline de bleu de méthyle ou une solution saturée de violet de méthyle; il ne se colore bien qu'après avoir été traité par de l'acide azotique dilué qui décolore, au contraire, très rapidement les autres Bactéries. Cette dernière propriété permet de le reconnaître facilement et, en ajoutant à ce caractère ceux qui sont tirés de sa forme et de sa grosseur, on parvient aisément à le distinguer des autres espèces.

Le Bacille de la tuberculose se présente sous forme de bâtonnets étroits, souvent un peu arqués ou tordus et mesurant 1, 5 à 3, 5 μ de long. On ne peut, soit à l'état vivant, soit après coloration, trouver aucune trace de division transversale. Dans les cultures aussi bien que dans l'organisme et dans les crachats tuberculeux des malades, on distingue des spores endogènes qui répondent plus ou moins, d'après ce que dit M. Koch en peu de mots, à celles des Bacilles ordinaires à endospores. On ne leur a pas consacré de description détaillée plus complète. D'après ce que l'on sait des espèces à endospores et en admettant implicitement que le Bacille de la tuberculose ne se comporte pas autrement que les

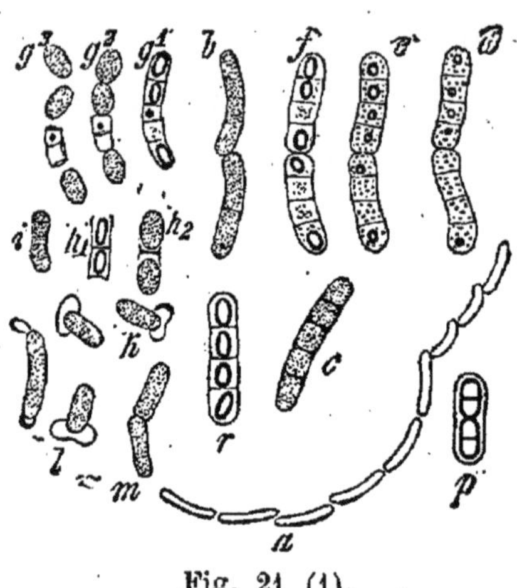

Fig. 21 (1).

autres Bactéries à endospores (Voir page 32), il est à supposer que ses bâtonnets doivent ressembler beaucoup à ceux du *Bacillus megaterium* dont il a été question précédemment et se diviser d'une manière analogue, car on le voit, comme dans la figure 21 (*r*), renfermer de 4 à 6 spores rangées en file et très voisines les unes des autres. Si l'hypothèse que nous faisons est exacte, chacune d'elles doit, d'après les descriptions que nous avons faites, être contenue dans une cellule courte et petite. Or, certaines pré-

(1) BACILLUS MEGATERIUM. — Voir page 32, fig. 1.

parations colorées montrent quelquefois les bâtonnets partagés par de minces cloisons transversales en articles très courts, aussi longs que larges, comme M. Zopf l'indique dans la 3e édition de son livre. — Il serait futile de donner à cette forme un nom spécial et d'introduire dans la description de cette espèce le terme de coques, employé ailleurs.

Quand les bâtonnets ont grandi et sont devenus plus allongés, leur forme concorde à peu près avec celle que nous avons décrite chez le *Bacillus megaterium*. Il est donc inutile d'en donner une figure spéciale qui ferait double emploi ; de plus, pour représenter exactement ce qu'on en a vu jusqu'ici, il suffirait de dessiner un simple trait noir non interrompu. — La figure 21 nous donnera, en *b* et en *r*, une idée précise de ce que nous connaissons au juste du Bacille de la tuberculose : remarquons seulement que la longueur des bâtonnets n'est pas beaucoup plus grande que la largeur de ceux du *Bacillus megaterium* que nous avons reproduit dans cette figure.

D'après ce qu'en dit M. Koch, les bâtonnets n'ont pas de mouvement propre. Cultivés dans du sérum de sang solide, ils restent à sa surface sans le liquéfier et forment, à un état suffisant de développement, de petits amas peu étendus qui se montrent, au microscope, formés d'agrégats et de faisceaux de bâtonnets.

Comparée aux autres espèces de Bactéries, celle de la tuberculose croît lentement : en cela elle ressemble au *Bacterium* du Kefir. Dans les cultures sur le sérum, elle a besoin de dix à quinze jours pour laisser voir à l'œil nu des traces de sa végétation. Inoculée à un animal, il faut aussi de deux à huit semaines pour arriver à la manifestation des premiers symptômes de la maladie.

Les cultures en dehors des organismes vivants n'ont pas réussi avec d'autres milieux nutritifs que celui que nous avons indiqué : la température optimum pour sa végétation a atteint en moyenne celle que nous avons donnée plus haut (Voir page 91).

Le Bacille de la tuberculose résiste assez bien aux changements dans les conditions extérieures et conserve suffisamment sa virulence infectieuse. C'est ainsi qu'il peut supporter des températures voisines de l'ébullition, dans une atmosphère humide. Il a résisté pendant cent quatre-vingt-six jours à la dessiccation et pendant quarante-trois jours dans les crachats tuberculeux. Disons en passant que ce sont toujours les crachats des tuberculeux qui ont servi aux expériences sur la résistance du Bacille. Mais dans ces expériences, on n'a pas su démêler la part qui incombait aux spores et celle qu'il fallait attribuer aux cellules végétatives proprement dites. Il est probable, d'après ce que l'on connaît des spores, que c'est à elles qu'il faut en grande partie rapporter ce que l'on sait de cette résistance.

Les faits que nous venons d'exposer semblent expliquer d'une manière satisfaisante l'existence de la tuberculose comme conséquence directe de l'action infectieuse d'un Bacille. La propagation rapide de la maladie est connue de tout le monde : il suffit de rappeler à l'esprit la phthisie ou plutôt la tuberculose pulmonaire qui compte à son actif le septième des décès qui se produisent dans l'humanité. Les phthisiques sont infestés par ce Bacille qui vit en eux, à l'état virulent presque toujours et en plein développement. Il faut y ajouter les malades qui ne le conservent que pendant quelques mois ou quelques années sans arriver à une issue fatale.

Dans 982 crachats, de toute origine, examinés par M. Gaffky, 44 se montrèrent tuberculeux : il est clair que le Bacille, d'après cela, peut facilement se trouver, à l'état sec, dans l'air et les poussières en suspension et cela explique suffisamment comment la maladie peut se propager aisément dans l'espèce humaine. L'examen de la propagation de la maladie nous entraînerait trop loin et nous obligerait à entrer dans tous les détails pathologiques et par suite trop spéciaux pour être traités ici. La réceptivité de chaque individu pour la contagion est un facteur important qu'il ne faut pas négliger et les différences que l'on rencontre expliquent pourquoi tous ceux qui se trouvent, par exemple, dans une salle d'hôpital où se tiennent d'habitude les tuberculeux, ne prennent pas forcément la maladie. Cette immunité de quelques-uns s'accorde avec ce que nous avons dit des caractères généraux qui distinguent chaque espèce dans sa manière de se comporter vis-à-vis d'un parasite.

Ce que nous venons de dire ne se trouve pas modifié par une découverte récente de MM. Malassez et Vignal qui ont décrit une tuberculose remarquable par la présence de nombreux Microcoques, ce qui a fait donner par ces deux observateurs le nom de *tuberculose zoogléique* à la maladie ainsi caractérisée. Il faut ajouter que, dans quelques cas, ils ont trouvé un Bacille : c'est ce qui arrive le plus souvent mais non toujours. Ces faits, s'ils sont exacts, comme ils semblent l'être en réalité, ne modifient pas les résultats précis acquis par M. Koch : il s'agit sans doute d'une complication accessoire ou encore d'une maladie peu différente, quant à son organisme parasitaire, de la tuberculose de M. Koch.

3. GONORRHÉE.

On désigne sous le nom de *Gonorrhée* (1) une maladie inflammatoire qui se produit chez l'homme dans le canal de l'urèthre et aussi dans la conjonctive oculaire. On peut y joindre la blennorrhagie de la

(1) Neisser. — *Centralblatt f. med. Wissensch.* 1879, et *D. med. Wochensch.* 1882, n° 20. — Bockhardt : *Beitr. z. Ætiol. u. Path. d. Harnrohrentrippers.* Sitzungsber. d. Phys. Med. Gesell. II. Würzburg, 1883, p. 13.—Naegel : *Jahresber. d. Ophthalm.*

conjonctive que l'on rencontre chez les nouveau-nés.

Ces différentes maladies sont caractérisées au plus haut point par leurs propriétés infectieuses et l'on sait depuis longtemps que la contagion se fait par les produits liquides que secrète le malade. L'œil en particulier est contaminé, dit M. Hirschberg, aussi sûrement qu'à la suite d'une inoculation expérimentale directe. On trouve constamment dans les sécrétions infectieuses un *Micrococcus* spécial, découvert par M. Neisser qui lui a donné le nom de *Gonococcus* (fig. 22). On le trouve surtout dans les cellules pyogènes, ou bien à leur surface et dans l'intervalle des cellules, mais en moins grand nombre. D'ailleurs, il n'y a pas de rapport constant entre le nombre des *Gonococcus* et celui des cellules malades.

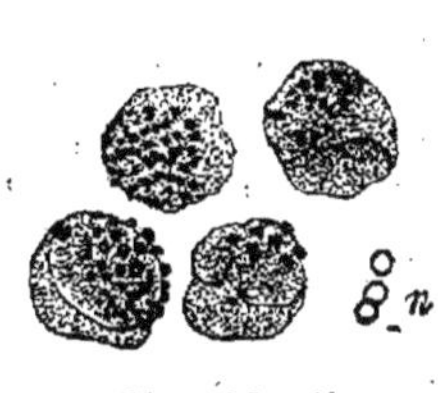

Fig. 22 (1).

Le *Gonococcus* est formé de cellules rondes relativement grosses mesurant 0,8 μ de diamètre, réunies fréquemment par paires et en train de se diviser : elles sont séparées les unes des autres, à l'état complet de développement, par une substance fondamentale hyaline, gélatineuse ou bien disséminées souvent

(1) Micrococcus gonococcus. — Cellules de la conjonctive oculaire d'un enfant atteint de la Blennorrhagie des nouveau-nés. Quatre cellules du pus renfermant des Microcoques. D'après une préparation colorée au violet de méthyle, les cellules sont faiblement colorées et leurs noyaux sont à peine indiqués dans le dessin pour laisser voir les Microcoques. — Grossissement 600 fois. — *n*. Microcoques à un plus fort grossissement.

en grand nombre, en masses plus ou moins régulières, à la surface de la cellule qui leur sert de substratum. Est-ce qu'il se produit une multiplication par division successive, dans deux directions différentes ou dans une seule? C'est ce que nous ne saurions déterminer, les observations que l'on a faites ne permettant pas de conclure dans l'un ou l'autre sens.

Les inflammations qui se produisent dans les régions autres que l'œil n'ont pas présenté de *Gonococcus* et on n'a pas non plus trouvé, dans les diverses muqueuses dont il est ici question, de Bactéries caractéristiques de la gonorrhée. Cependant il est très probable, par suite d'une analogie permise, que les sécrétions que l'on observe dans tous les cas sont dues à la présence d'un organisme semblable.

La réceptivité des animaux différents de l'homme pour ces sortes de maladies a été plus ou moins constatée. En tout cas, les expériences d'inoculation sur l'œil n'ont donné aucun résultat chez les animaux.

Il est aussi très difficile de faire des cultures convenables du *Micrococcus gonococcus* en dehors d'un organisme contaminé. Cependant M. Haussmann a cité des exemples de culture faites dans du sérum de sang avec le pus sécrété dans la gonorrhée des enfants de la conjonctive et M. Bockhardt dans la gonorrhée du canal de l'urèthre. Ces deux auteurs ont réussi à produire par inoculation de cultures pures, une inflammation infectieuse, le premier dans l'œil d'un lapin nouveau-né, le second dans l'urèthre. On ne peut songer, à cause des conséquences de la maladie, à des essais sur l'homme. D'après M. Bockhardt, le Microcoque pénètre dans le tissu sous-épithélial, de là dans les leucocytes dont il détruit le noyau, pour redevenir libre et se répandre avec le pus à la surface de la muqueuse. On a contesté la rigueur des expériences de ce dernier observateur, relativement à l'infection produite par des cultures pures, de sorte que l'importance du *Gonococcus* dans la contagion reste encore à démontrer.

Nous avons étudié successivement la fièvre récurrente, la tuberculose et la gonorrhée, malgré le peu de rapports que ces maladies présentent les unes avec les autres, parce que, en laissant de côté les points obscurs et les lacunes à combler qu'elles présentent, elles semblent être des types de maladies dues à des Bactéries que nous avons appelées Bactéries *forcément parasitaires*.

Nous avons vu en effet que le *Spirochœte Obermeieri* est forcément parasite, en ce sens qu'il est transmissible de personne à personne, sans présenter de stade intermédiaire comme Saprophyte et qu'il ne se développe que sur l'homme et le singe.

Le Bacille de la tuberculose et le *Gonococcus* peuvent, il est vrai, être cultivés en dehors de l'organisme vivant et les cultures que l'on en fait ne permettent pas de leur refuser le titre de *Saprophytes facultatifs* (Voir page 203). En fait, cette propriété ne peut guère entrer en ligne de compte. Le Bacille de la tuberculose, cultivé par M. Koch, ne s'obtient, à l'état de Saprophyte, que dans des conditions artificielles très particulières et, pour ainsi dire, créées tout exprès pour lui. Il en est de même du *Gonococcus*.

Pour ce dernier, si l'on admet ses propriétés infectieuses, c'est là tout ce qui ressort de l'ensemble des expériences. On voit de plus que la résistance en dehors de l'organisme doit être très faible et que la propagation des germes par les poussières de l'air, par exemple, après dessiccation, est certainement de très petite importance. Cependant les gonorrhées sont aussi fréquentes que la tuberculose ou peu s'en faut. Le pus qui se forme dans la gonorrhée contient le *Gonococcus* et sert à le propager. On ne comprend guère, s'il pouvait vivre à l'état ordinaire comme Saprophyte, comment la maladie dont il est l'agent ne se propagerait pas autrement que par contact de personne à personne. Il n'existe pas en effet d'autre moyen manifeste de contagion que le seul contact, bien que la croyance populaire, se fondant sur quelques cas très douteux nullement authentiques, affirme parfois le contraire.

4. MALADIES INFECTIEUSES APRÈS BLESSURE.

Parmi les maladies dont on peut attribuer la cause aux Bactéries, il faut ranger tout un groupe d'affections, très diverses quant aux symptômes qu'elles présentent, mais que l'on peut réunir sous le nom de maladies infectieuses après blessure. Parmi elles, nous compterons les maladies qui suivent l'accouchement et toutes celles qui sont caractérisées par la formation de pus, d'abcès cutanés ou internes, depuis les furoncles jusqu'à des maladies plus graves (1). A part quelques exceptions isolées et pour des raisons faciles à expliquer, on rencontre dans tous les cas des Bactéries, à la surface des plaies, dans le pus, etc.

Ce sont ces faits qui ont servi de point de départ à la découverte d'un traitement très renommé, dont l'emploi est universel : le traitement de Lister par les antiseptiques. La destruction des germes dans les plaies par cette méthode, qui permet aussi de préserver les tissus contre l'infection ultérieure, fournit une preuve indirecte de la relation qui existe entre ces germes et la maladie que l'on guérit ou que l'on prévient.

(1) Bornons-nous à citer : F.-J. Rosenbach. — *Mikroorganismen bei d. Wundinfect. d. Menschen.* Wiesbaden, 1884.

Les moyens de contagion sont de deux sortes. Il peut se produire, dans le tissu contaminé, des écoulements purulents, des abcès localisés en certains points, soit dans le voisinage de la plaie, soit dans un organe très éloigné, par suite de la dispersion des germes par le système circulatoire. D'autre part, il peut se former des produits qui résultent de la végétation de l'organisme infectieux et qui eux-mêmes ne sont pas organisés : ce sont des substances spéciales, appelées *Ptomaïnes* (Voir page 255) ou des corps qui leur sont analogues ; ces substances se répandent dans le sang et peuvent produire dans les différents organes des phénomènes toxiques particuliers. Enfin, on peut imaginer que ces deux ordres de processus, différents en principe, se trouvent combinés dans certains cas.

Je ne puis ici que mentionner brièvement la plupart de ces faits, en priant le lecteur de se reporter, pour plus de détails, aux nombreux travaux de médecine qui ont paru sur ce sujet : moi-même je ne puis les connaître qu'en partie. J'ai fait surtout usage d'un livre de M. Rosenbach, cité plus haut en note, qui traite des maladies contagieuses après blessure.

Quant aux Bactéries elles-mêmes qui sont les agents de ces diverses maladies, on en a trouvé de plusieurs sortes. M. Rosenbach cite quatre espèces différentes de Bacilles ou plutôt de formes en bâtonnets (*Stabformen*) ; on rencontre surtout des Microcoques dont trois espèces sont fréquemment répandues. Les autres formes peuvent être négligées ici.

Ces différentes espèces sont composées de cellules isolées que le microscope permet assez difficilement de distinguer; ce sont des cellules petites, rondes, mobiles, sans spores distinctes. On peut les différencier d'après leur groupement habituel, d'après la forme et la coloration qu'elles prennent en gros dans les cultures ou à la suface de l'agar-agar. Parfois les cellules se réunissent en files, semblables à celles du *Micrococcus ureae* (voirpage156), que M. Billroth appelle des *Streptococcus*. Dans d'autres cas les cellules en files se séparent pour former des agrégats que M. Ogston compare à des grappes de raisin et qu'il désigne d'après cela sous le nom de *Staphylococcus*. Cultivés à la surface de l'agar-agar, ces Staphylocoques donnent des taches que l'on peut comparer à un thalle de cryptogame et qui sont, les unes d'un jaune orangé, les autres d'un blanc gélatineux, d'où les noms de *Staphylococcus aureus* et de *Staphylococcus albus* sous lesquels on les a désignés.

Chacun de ces Microcoques, pris dans les abcès ou dans le pus et isolé dans des cultures pures, conserve constamment ses premières propriétés : dans chaque espèce de maladie on ne trouve qu'une seule de ces formes ou deux d'entre elles; les plus fréquents et les plus redoutables sont le *Streptococcus* et le *Staphylococcus aureus*. Des inoculations et des injections faites par M. Rosenbach sur les animaux, en prenant des cultures pures provenant de l'homme, ont donné des résultats positifs, c'est-à-dire qu'on a pu reproduire des abcès par l'action du parasite que l'on inoculait. Mais ce n'était, si mes souvenirs sont exacts, qu'après inoculation de liquide en masse très considérable.

Les Bacilles dont nous avons parlé, aussi bien que les Microcoques, sont des organismes parasitaires facultatifs : on peut facilement les cultiver comme Saprophytes. Quant à leur mode de propagation dans la nature, à l'état de Saprophyte, on ne sait absolument rien : tout ce qu'on en peut dire, c'est qu'ils sont pour l'homme en particulier des ennemis très redoutables. Il est probable qu'on ne tardera pas à découvrir d'autres Bactéries que l'on pourra ranger dans la même catégorie.

5. ÉRYSIPÈLE.

On placera ici une Bactérie qui, à cause de la forme aussi bien que du parasitisme facultatif qu'elle présente, se rapproche du *Streptococcus*. C'est un Micrococcus qui pénètre dans les vaisseaux lymphatiques de la peau et produit la maladie bien connue qui porte le nom d'Erysipèle (1). MM. Recklinghau-

(1) Recklinghausen et Luckomsky.—*Virchow's Arch.*, T. 60.—Fehleisen : *Deutsch. Zeitsch. f. Chirurgie*, T. 16, p. 391. — Koch : *Reichgesundh.* I.

sen et Lukomski ont indiqué sa présence il y a déjà quelque temps. M. Fehleisen l'a retrouvé dernièrement et l'a obtenu à l'état de pureté suffisante pour en faire des inoculations. Une autre maladie de peau bien connue, localisée sur les doigts, qui ne présente aucun danger et qui est ordinairement contractée par des personnes maniant des viandes crues, comme les ménagères, d'où le nom d'Erysipèle des cuisinières (*Koechinnen-Rothlauf*), sous lequel elle est désignée en Allemagne, ou *Erythema migrans*, est due, d'après M. Rosenbach, à une espèce particulière de Micrococcus.

6. TRACHOME. PNEUMONIE. LÈPRE, ETC.

Il est une autre maladie due à un Micrococcus particulier susceptible d'être cultivé et inoculé et qui est facilement transmissible : c'est le *Trachome* qui d'après M. Sattler (1) est produit par un organisme parasitaire. C'est une inflammation de la conjonctive oculaire, connue vulgairement en Allemagne sous le nom *d'inflammation égyptienne*. C'est le cas d'ajouter qu'une autre maladie de la conjonctive, le *Xerosis de la conjonctive* oculaire, est due aussi à un petit Bacterium en bâtonnets (2).

(1) Sattler. — *Natur d. Trachoms, etc.*, Ophthalm. Gesellsch. zu Heidelberg, 1881, p. 18; 1882, p. 115.

(2) Schleich. — *Zur Xerosis conjunctivae*, Nagel's Mittheil., Tübingen II, p. 145.

D'après M. Friedlaender la pneumonie aiguë est causée par un Micrococcus de forme spéciale, que l'on peut cultiver dans de la gélatine et qui se présente en courtes rangées de cellules enveloppées d'une masse assez considérable de mucilage (1).

Un Bacille se rapprochant par quelques points de celui de la tuberculose, a été signalé par M. Hansen et Neister dans la Lèpre (2). D'autres Bacilles ou du moins d'autres formes en bâtonnets, dont le mode de vie est plus ou moins voisin de celui de la Bactérie charbonneuse, ont été trouvés et en partie bien étudiés dans toute une série de maladies propres aux animaux, telles que la septicémie des souris de M. Koch, septicémie que MM. Koch et Gaffky désignent sous le nom de « *malignes Œdem* » (3), le charbon symptomatique (4), etc.

Citons encore le Rouget du Porc, à propos duquel il s'est produit des différences d'opinion très notables entre M. Pasteur et M. Klein (5); la Diphtérie du pigeon et du veau par M. Lœffler, etc (6).

(1) C. Friedlænder. — *Ueber d. Schizom. b. d. acuten fibrin. Pneumonie.* Virchow's Archiv., T. 87 (1882), p. 312 et Fortsch. d. Med. I, 1883.

(2) Neisser. — *Ziemssen's Handb. d. exp. Pathol. u. Therapie*, XIV.

(3) *Mittheih. aus d. Reichsgesundh.* I.

(4) Bollinger u. Feser. — *Deutsche Zeitschr.* f. Thiermed, 1878-79. — T. Ehlers : *Unters. über. d. Rauschbrandpilz* Dissert. Rostock, 1884.

(5) Voir à ce sujet une communication récente à la Société de Biologie de Paris (déc. 1885) de M. le Dr Roux.

(6) Lœffler. — *Reichsgesundh.* II, p. 421.

7. MALARIA.

La *Malaria* peut être considérée comme le type des maladies endémiques (1). Elle règne en général dans les contrées marécageuses, dans le voisinage des eaux stagnantes. La transmission par contact d'une personne à l'autre ne se fait pas en général. Par analogie avec d'autres exemples bien connus, comme le charbon, il est excessivement probable qu'il existe un organisme qui vit dans le sol ou dans les eaux des pays à Malaria et qui est la cause de la maladie, MM. Klebs et Tomasi Crudeli, partant de cette idée, ont examiné le sol et l'eau de ces contrées et y ont trouvé en effet de très nombreuses Bactéries : ils ont désigné sous le nom de *Bacillus Malariæ* l'une de ces formes qui se présentait en filaments composés de bâtonnets. L'inoculation à des animaux de parcelles de terre ou des liquides de culture où ils avaient réussi à obtenir la Bactérie, reproduisait les symptômes de la Malaria, c'est-à-dire un gonflement exagéré de la rate et des accès de fièvre intermittente. MM. Cuboni et Marchiafava, Lanzi, Perroncito, Ceci, Ziehl ont retrouvé des Bactéries dans le

(1) Klebs et Tommassi Crudeli. — *Ueber Wechselfieber u. Malaria. etc.* Archiv. f. Exp. Pathologie XI. — Cuboni et Marchiafava : id. XIII. — Ceci : id. XV et XVI. — Ziehl : *Deutsch. Med. Wochenschr.* 1882, p. 847.

sang, dans la peau, dans les veines, dans la rate de l'homme atteint de Malaria, en particulier au moment du frisson qui précède l'attaque de fièvre. MM. Cuboni et Marchiafava ont cru reproduire chez des animaux les symptômes caractéristiques de la Malaria, par des inoculations de sang provenant d'un homme malade. Il m'est difficile de décider si les symptômes qu'ils décrivent sur leurs animaux d'expérience peuvent être ou non rapportés à la Malaria.

Du moins on peut affirmer avec certitude que l'injection de quelques centimètres cubes de liquide, contenant des particules de terre ou de la culture du Bacille, n'est pas suffisante pour prouver en toute rigueur l'existence de la Malaria, puisqu'il ne s'agit dans toutes ses expériences que de l'inoculation ou de l'inhalation de quantités excessivement petites de Bactéries.

Du reste, les différentes descriptions qui ont été données à ce sujet, ne permettent nullement de voir s'il s'est agi chaque fois d'une seule espèce de Bactéries ou de plusieurs et si les formes qu'un auteur observe dans le sang par exemple, sont les mêmes ou appartiennent à la même espèce que celles qu'un autre retire du sol. Il semble donc assez difficile de donner, dans l'état actuel de nos connaissances, la nature précise de l'organisme qui semble être la cause de la Malaria.

8. FIÈVRE TYPHOIDE.

On n'a pas de données beaucoup plus exactes sur les Bactéries qui paraissent être la cause de la fièvre typhoïde, de la diphtérie et du choléra, chez l'homme.

La *fièvre typhoïde* est une maladie généralement endémique mais qui peut parfois devenir contagieuse. On a mis en évidence depuis longtemps les rapports qui existent entre son apparition dans les localités où elle domine, et la qualité de l'eau servant de boisson dans ces localités. Il semble assez probable que cette maladie est due à un organisme « parasitaire facultatif ».

Dès 1871, M. Recklinghausen avait trouvé dans les cadavres, après la mort par fièvre typhoïde, des Bactéries et en particulier des colonies de Micrococques. Des travaux ultérieurs, dus en grande partie à M. Gaffky (1), indiquent la présence de Bactéries ou de Champignons qui d'ailleurs ne concordent pas toujours avec les espèces précédemment décrites. M. Gaffky a repris récemment la question avec beaucoup de soin et dans les organes internes, tels que les glandes intestinales, la rate, le foie, le rein, il

(1) Gaffky. — *Zur Aetiol. d. Abdominal typhus*. Reichsgesundh., II, 372.

a trouvé presque constamment — 26 fois sur 28 — un Bacille endosporé parfaitement caractérisé, qui s'est montré le même dans tous les cas. Il se reproduit à l'air avec une forme caractéristique, sur de la gélatine, sur des pommes de terre, dans le sérum du sang.

D'après la description qu'en fait M. Gaffky et que nous reproduisons, il n'est pas loin de ressembler au *Bacillus amylobacter*, mais il est notablement plus petit. Chaque bâtonnet a environ 2,5 μ de long et le tiers de ce nombre en largeur. Contrairement à ce qui se produit en général avec les cultures prises sur le cadavre, les essais d'inoculation à des animaux, même à des singes, ne donnèrent que des résultats absolument négatifs. La question de causalité doit donc être, pour le moment, complètement réservée.

On n'a pu obtenir davantage le développement du Bacille de la fièvre typhoïde, en dehors de l'organisme, en particulier de celui qui existe dans les eaux qui paraissent devoir être contaminées, pendant les épidémies de fièvre typhoïde.

9. Diphtérie.

Nous devons à M. Lœffler (1) des travaux étendus sur la Diphtérie. Son étude est accompagnée d'une discussion approfondie des résultats obtenus par ses

(1) Lœffler. — *Reichsgesundheitsamt* II, 421.

prédécesseurs et l'on pourra y recourir, si l'on désire sur cette maladie d'autres détails que ceux que nous allons donner.

On sait que l'un des symptômes caractéristiques de la Diphtérie chez l'homme est fourni par la présence de plaques blanches sur la muqueuse trachéenne, de tonsilles autrement dit, et il est démontré que c'est par leur intermédiaire que la maladie se transmet aux personnes saines. L'étude de ces plaques a fait découvrir, d'une manière pour ainsi dire constante, des amas compacts de Microcoques et, en outre, dans quelques cas signalés pour la première fois par M. Klebs, de petits bâtonnets.

M. Lœffler confirma tous ces premiers faits et soumit les organismes ci-dessus mentionnés à des cultures et à des expériences rationnelles pour mettre au jour leurs propriétés pathogènes.

Le Micrococcus forme, dans les cultures, des chaînons assez semblables à ceux que donne l'Erysipèle. Dans l'organisme diphtérique, on le voit passer des plaques superficielles, à l'intérieur des tissus et par les vaisseaux lymphatiques, dans les organes profonds, pour s'y développer avec une intensité prodigieuse. Inoculé à l'état de pureté à des animaux, il se développe de la manière qui a été indiquée et rend les animaux malades, mais sans donner les symptômes caractéristiques de la Diphtérie. Il est par suite très possible que le Microcoque produise certaines complications morbides, sans avoir la signification qu'on lui prête d'engendrer avec certitude la Diphtérie.

Les bâtonnets se reproduisent bien dans le sérum du sang mais leur culture est en général très difficile. Isolés, ils atteignent la longueur des Bacilles de la tuberculose et les dépassent de deux fois en largeur. Ils s'en distinguent d'ailleurs d'une manière assez précise en ce qu'ils ne reproduisent pas les mêmes symptômes. Ils se présentent, dans les plaques des muqueuses diphtériques en groupes cantonnés dans les premières assises sous-épithéliales, mais on ne les retrouve plus dans les organes internes des malades. Les inoculations à des animaux donnent des symptômes assez analogues à ceux que l'on rencontre dans la diphtérie. M. Lœffler conclut de ces faits, sans qu'il faille accorder pourtant à sa conclusion une importance extrême, que, *fort probablement*, ces bâtonnets sont les agents effectifs de la Diphtérie chez l'homme.

10. CHOLÉRA.

Il est assez difficile, pour le moment, de parler avec quelque précision du choléra asiatique. Les journaux s'en entretiennent au jour le jour et il est possible qu'un télégramme de demain vienne détruire de fond en comble ce que nous pourrons dire ou écrire aujourd'hui sur le choléra et sur ses causes.

M. Klob, pendant l'épidémie de choléra de 1866, étudia les liquides intestinaux et les déjections des cholériques : il y trouva constamment des masses de Bactéries ; il admit, en principe, qu'elles étaient susceptibles de produire une action pathogène, et se reportant à d'anciennes observations, il crut devoir affirmer jusqu'à un certain point que leur présence dans l'intestin prouvait leur action prépondérante dans la maladie (1). Les connaissances que l'on avait à cette époque sur les Bactéries, n'étaient pas assez avancées, pour qu'on pût soumettre à des recherches précises celles que décrivait M. Klob, ni séparer effectivement les formes diverses qu'il avait signalées.

On ne tarda pas à n'attacher aucune importance à ces premiers résultats, grâce aux idées extravagantes et peu scientifiques que l'on essaya de propager à ce sujet. On attribua la cause du choléra, non plus à des Bactéries, mais à des Champignons ordinaires et à un parasite hypothétique vivant sur le riz. D'autres Bactéries furent trouvées dans les déjections des cholériques, différentes de celles trouvées par M. Klob, et ces contradictions diverses contri-

(1) J. M. Klob. — *Pathol. Anat. Studien ueber d. Wesen d. Cholera-processes*. Leipzig, 1868.

buèrent à discréditer les nouvelles recherches que l'on pouvait tenter sur le choléra.

Les études des médecins anglais, faites dans le pays même où la maladie était endémique, n'amenèrent aucun résultat nouveau.

Nos connaissances sur les Bactéries et sur la réalité des « contages animés » avaient fait des progrès importants lorsqu'éclata en 1883 une épidémie de choléra en Egypte : ce fut une occasion de reprendre à nouveau la question. M. Koch (1), l'un des observateurs les plus autorisés en ces matières, alla faire des recherches en Egypte, puis dans les Indes, lieu d'origine de l'épidémie, et « patrie du choléra ». Il en rapporta la découverte d'une espèce nouvelle de Bactéries caractéristiques qu'il rencontra souvent en quantité considérable et presque à l'état de pureté, dans l'intestin des cholériques nouvellement atteints : il en a observé une fois dans les eaux d'un étang voisin d'un district contaminé. Il attribua à cette espèce de Bactérie la cause spécifique du choléra de l'Inde. Depuis cette découverte, cet orga-

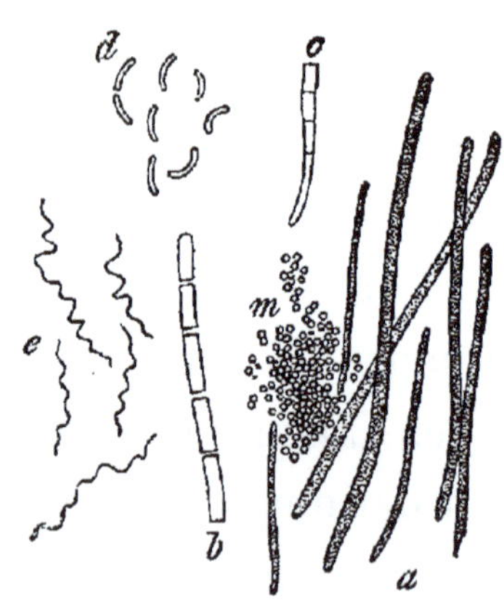

Fig. 23.

(1) R. Koch. — *Berlin. Klin. Wochensch.* 1884, nos 31, 32.

nisme est devenu populaire sous le nom de *Bacille-virgule.* (Komma-Bacillus.)

Il est formé de cellules petites, assez fortement arquées, mobiles, dont la forme correspond assez à celle qui est représentée ci-contre dans la fig. 23 et qui, dans la culture, se réunissent en courts filaments spiralés. Elles ont alors l'aspect d'un *Spirillum* qui serait formé d'articles facilement séparables et faisant un tour de spire complet. Ce Spirillum arrive sur la muqueuse intestinale, pénètre superficiellement dans les tuniques de l'intestin, mais on ne le retrouve plus dans le sang ni dans les tissus d'autres organes.

Les essais d'infection sur des animaux, avec des cultures pures, n'ont donné jusqu'ici que des résultats négatifs.

Dès son apparition, le Bacille-virgule rencontra des incrédules et on lui dénia les prétendues propriétés spécifiques d'engendrer le choléra asiatique. MM. Finkler et Prior trouvèrent aussi un Bacille-virgule dans la maladie connue sous le nom de *Choléra nostras*. M. Lewis prétendit que la forme Spirillum trouvée par M. Koch était identique avec celle que l'on rencontre dans la salive (1) (fig. 23 *c*).

Sans vouloir nier complètement la ressemblance

(1) Finkler et Prior. — *Tagebl. d. 57. Vers. d. Naturf. u. Aerzte z.* Magdeburg, p. 216. — T. Lewis : *The Lancet*, 2 sept. 1884.

qui existe entre ces diverses formes, des recherches faites de plusieurs côtés vinrent montrer qu'il existe entre elles des différences que l'on peut mettre en évidence par la manière dont ces formes se groupent dans les cultures de gélatine. MM. Klebs (1) et Ceci confirmèrent l'existence du Bacille-virgule dans l'intestin des cholériques. Ce dernier réussit même, d'après ce qu'il en dit, à contaminer des animaux en introduisant le Bacille-virgule dans l'intestin. D'après cet auteur, la question serait résolue d'une manière décisive dans le sens des idées de M. Koch, bien que M. Koch lui-même pense qu'il y a lieu d'être fort réservé, comme dans le cas du Bacille de la fièvre typhoïde.

Tout récemment M. Emerich (2) a apporté des résultats tout à fait nouveaux d'après des recherches faites à Naples. Il a confirmé, ilest vrai, la présence fréquente du Bacille-virgule, dans l'intestin, mais il le considère comme un organisme accessoire nullement caractéristique du choléra. A côté de lui, il a trouvé dans le sang, dans la paroi de l'intestin, dans les reins, même dans la rate et dans d'autres organes, un *Bacterium* court, en bâtonnets non arqués qu'il a pu cultiver à l'état de pureté et que des essais sur les animaux lui font considérer comme le véritable agent de la contagion.

(1) Klebs. — *Ueber Cholera asiatica.* Basel 1885 (Correspondenzbl. d. schweizer Aerzte 1884).

(2) Emerich. — *Vortr. im Aerztl. Verein. München.* Berl. Klin. Wochenschr. 1875, n° 2.

Il faut attendre des recherches nouvelles pour résoudre toutes ces contradictions. Nous ne voulons pas insister plus longtemps sur la portée diverse de tous ces résultats. Disons simplement que les recherches négatives que présentent les essais d'infection sur les animaux n'infirment en rien la méthode et ne doivent pas faire conclure à une réponse négative puisque, dans la fièvre typhoïde et le choléra, par exemple, il s'agit de maladies qui sévissent sur l'homme seul et non sur les animaux. On peut tirer seulement cette conclusion que les animaux ne sont peut-être pas sensibles à l'action du parasite qui vit chez l'homme.

Dans ces derniers cas, comme dans d'autres semblables, on peut se demander si la maladie n'est pas causée par l'action simultanée de deux Bactéries parasitaires ou de tels autres organismes parasitaires que l'on voudra, qui préparent ainsi à l'un d'entre eux un milieu favorable à son développement. Cette question a été soulevée par M. Nægeli à propos des recherches de M. Pettenkofer et elle s'applique en particulier au choléra. Mais l'on voit que tous ces divers problèmes demandent encore de longues recherches avant d'être résolus. Quoi qu'il en soit, nous voyons qu'il y a dans tout cela des contradictions dues à ce que l'on ne connaît que quelques faits incertains, souvent sans importance.

S'il m'est permis d'ajouter encore quelque chose

à tout ce qui précède, je dirai quelques mots d'une découverte qui a soulevé tout récemment la curiosité générale. Je veux parler des prétendues découvertes de M. Ferran (1) et de ses inoculations préventives contre le choléra, dont tous les journaux ont parlé. Nous abandonnons à ce sujet toute discussion sérieuse. Les communications de M. Ferran sur le parasite du choléra ne supportent pas l'analyse et il est absolument impossible de les admettre, pour peu que l'on ait un peu de bon sens et la moindre éducation scientifique. On devine ce que pourront être dans peu les conséquences pratiques de ses théories. Son opinion n'est basée sur rien ou bien, s'il a étudié les choses dont il parle, il montre une ignorance complète des phénomènes biologiques et de leurs

(1) J. Ferran. — *Morphologie du Bacille du Choléra et l'inoculation préventive du choléra.* Traduction en allemand, par le Dr Max Breiting. Deutsch. Medic. Zeitung IV, 1885, p. 169 — Id. : Sur la Morphologie du Bacille-virgule (Voir Zeitschr. f. Klin. Med. IX, p. 375).

Je n'ai indiqué, dans le texte, que les faits qui sont rapportés dans le deuxième mémoire de M. Ferran, car je ne connais le premier que d'après un compte rendu publié dans un journal médical. Si le compte rendu donne bien le sens de l'original, les deux mémoires se valent de toutes manières. Il semble que le Dr Ferran ait eu l'intention de faire un mémoire de Morphologie botanique. Dans ce cas, il n'est pas difficile de voir, dès les premières lignes, que l'auteur ignore les premiers principes de cette science. Quoi qu'il en soit, on peut dire sans exagération que son mémoire est incompréhensible pour les personnes instruites en botanique, comme pour celles qui ne s'en occupent pas ; l'auteur, en effet, montre qu'il n'avait aucune idée précise et claire en composant son travail. On ne peut savoir ce qu'il veut dire ni ce qu'il pense en réalité. Les conséquences pratiques qui forment la conclusion de son travail ne sont pas plus claires. On ne s'étonnera donc pas qu'il n'y ait rien à tirer de ces deux « travaux » de M. Ferran. (*Note de l'auteur.*)

résultats pratiques sur lesquels sans doute il a à peine les notions très vagues que possède le premier venu (1).

(1) Pendant l'impression de ce livre, il a paru dans les Comptes rendus de la Société Royale de Londres (Vol. 38, n° 236, p. 154) une note « sur les Bactéries et leurs rapports avec l'étiologie du Choléra asiatique ». L'auteur de cette note est M. Klein, observateur très compétent et très habile, que le gouvernement anglais avait chargé d'une mission dans les Indes, dans le but d'y vérifier les conclusions du Dr Koch sur le choléra.

M. Klein a vérifié tout d'abord ce fait que le sang et les différents tissus des cholériques ne renfermaient pas le Bacille-virgule de M. Koch ni aucun autre organisme. Il affirma la présence presque constante du Bacille-virgule dans les déjections des malades et dans l'intestin grêle aussitôt après la mort, bien que le nombre des Bacilles varie considérablement suivant les cas observés. C'est ainsi que le Bacille fut trouvé en quantité très faible et mêlé à d'autres Bactéries dans des cas de mort foudroyante. Sa présence dans la muqueuse intestinale aussitôt après la mort fut mise en doute : on l'y trouva, en effet, longtemps après la mort, en même temps que d'autres Bactéries. Les cultures du Bacille en dehors de l'organisme réussissent facilement. Après culture dans la gélatine, il semble être identique au Bacille de Lewis, trouvé dans la salive. On l'a d'ailleurs trouvé dans d'autres maladies intestinales, ainsi que dans la bouche de personnes saines et même dans un grand nombre de substances alimentaires fort communes (M. Klein ne les spécifie pas davantage). L'auteur enfin refuse d'ajouter grande confiance aux expériences faites sur les animaux.

Dans l'épithélium intestinal des cholériques examinés aussitôt après la mort, M. Klein trouva, dans des cas de mort foudroyante, un très petit Bacille droit et immobile qui semble être mis en liberté au moment de la desquamation de l'épithélium intestinal. On peut le cultiver sur de l'Agar-agar et il y forme des spores en présence de l'air. D'ailleurs on ne put obtenir, avec ce Bacille, d'expériences précises sur les animaux auxquels on essaya de donner le choléra.

J'ai cru utile de résumer ces derniers travaux de M. Klein afin de montrer une fois de plus combien sont peu certains les résultats et les opinions précédemment acquis et, à propos du choléra en particulier, combien nous savons encore peu de chose sur les Bactéries qui produisent cette maladie.

(*Note de l'auteur.*)

Mentionnons pour terminer un certain nombre de maladies infectieuses dans lesquelles on n'a pas réussi à montrer la présence d'une Bactérie pathogène ou de tout autre parasite microscopique; tels sont la dysenterie, le typhus, la fièvre jaune, la coqueluche, etc., et, parmi les maladies cutanées, la fièvre scarlatine, la rougeole, la variole chez l'homme et les animaux.

Dans la petite vérole, on connaît la vaccination préventive depuis longtemps en usage.

Citons encore la rage pour laquelle M. Pasteur a indiqué son procédé d'atténuation et de vaccination sans avoir réussi jusqu'ici à déceler la présence de l'organisme pathogène.

Enfin l'on a décrit récemment dans la syphilis (1), un Bacille très analogue au Bacille de la tuberculose sans avoir pu, me semble-t-il, légitimer cette découverte par des expériences décisives.

Malgré ces quelques exemples où les recherches semblent avoir donné des résultats négatifs, il est à peine besoin d'indiquer que les idées de Henle sur un « contage animé », dans les maladies infectieuses, gardent toute leur actualité.

(1) Des observations récentes dues à MM. Alvarez et Tavel ont montré que le Bacille de la syphilis que M. Lustgarten avait cru trouver, n'est en réalité qu'un Bacille que l'on rencontre dans le smegma préputial.

XIVᵉ LEÇON.

MALADIES PARASITAIRES CHEZ LES ANIMAUX INFÉRIEURS ET CHEZ LES PLANTES.

On peut admettre *à priori* que les Bactéries doivent jouer un certain rôle dans les maladies des animaux inférieurs. C'est ce qui a lieu en effet. Mais jusqu'ici on n'a étudié, à ce point de vue, que les insectes (1).

La maladie des vers à soie, appelée *Flacherie*, a son origine, d'après M. Pasteur, dans l'action simultanée d'un Bacille et d'un Micrococcus semblable au *Micrococcus ureae*, formant comme lui des chaînons; le *Micrococcus Bombycis* de Cohn, qui est avalé par les vers avec leurs aliments, et qui, porté dans l'intestin, y cause des ravages ayant pour conséquence d'empêcher la digestion et d'amener bientôt la mort des animaux. Les vers deviennent paresseux, lourds,

(1) Pasteur. — *Etudes sur la maladie du ver à soie*. Paris, 1870. — Judeich et Nitsche : *Lehrb. d. Mitteleurop. Forstinsektenkunde*. — Metschnikoff : *Virchow's Archiv*. T. 96, p. 178.

perdent l'appétit, sont mous et meurent assez rapidement. Leurs cadavres, sans consistance, sont colorés en brun sombre ou en brun sale et tombent très vite en pourriture, en prenant l'aspect d'une masse puante et informe, sous l'action des Bactéries de la putréfaction qui les envahissent aussitôt.

Une épidémie qui sévit parfois sur les abeilles et qui, en peu de temps, détruit des essaims entiers dans toute une contrée, est due, semble-t-il, à un Bacille à endospores, le *Bacillus melittophthorus* Cohn. On sait d'ailleurs peu de chose sur ce Bacille.

Parmi les maladies qui déciment actuellement les vers à soie, nous avons signalé la Flacherie : il faut encore citer la *Muscardine* et la *Pébrine.*

La *Muscardine*, connue depuis le siècle dernier, a sévi surtout dans les premières années de ce siècle, dans les magnaneries de l'Europe d'où elle semble avoir à peu près disparu depuis 1850 environ, tandis qu'elle fait encore des victimes parmi les insectes de nos forêts. Elle est causée par un Champignon et ne rentre pas, par conséquent, dans le groupe des maladies bactériennes.

La *Pébrine*, nommée aussi Gattine, Petechia, Maladie des corpuscules, etc., est connue depuis plusieurs siècles et elle s'est montrée très meurtrière en Europe, depuis 1850, pendant plus de dix années. Elle doit son nom aux taches sombres qui parsèment la peau de l'animal malade et qui se montrent dès l'apparition de la maladie. Elle est, comme la muscardine, causée par la présence d'un parasite microscopique, le *Panhistophyton ovatum* Lebert ou *Nosema Bombycis* Nægeli. Cet organisme se présente sous la forme de *corpuscules* irrégulièrement ovales, mesurant environ 0,4 μ de longueur, incolores, fortement réfringents, qui, dans les préparations, sont isolés ou bien réunis par paires ou par groupes plus nombreux. On les rencontre dans tous les organes de l'animal, non seulement chez le ver à soie, mais encore chez le papillon et même dans les œufs nouvellement pondus, d'où ils passent facilement dans le jeune ver à soie qui en provient. Ils y sont en quantités énormes et les tissus de l'animal en sont parfois bourrés. C'est encore à M. Pasteur que l'on doit d'avoir établi avec certitude que ces corpuscules appartiennent à un parasite qui pénètre dans l'animal, y vit à ses dépens, engendre ainsi la maladie et se développe en la propageant. Quand on mélange ces corpuscules à des aliments ingérés ensuite par des vers sains, on les retrouve plus tard dans la paroi de l'intestin, en petit nombre d'abord, puis en nombre plus considérable, jusqu'à ce qu'ils aient fini par envahir tous les organes.

Des corpuscules analogues ont été trouvés par différents observateurs dans le corps d'autres insectes et chez d'autres animaux articulés.

Comme nous l'avons vu par la courte description

qui précède, les corpuscules de Cornalia, — tel est le nom qu'on leur donne — ressemblent à une petite Bactérie, plus exactement à un Microcoque et c'est ainsi qu'on les considère en général.

M. Naegeli, dans un premier travail, les rapprocha du *Micrococcus aceti*. Ce rapprochement repose sur la ressemblance de forme des deux espèces, sur la réunion par paires que présentent souvent leurs cellules, au moment où leur division est en train de s'accomplir. Cependant cette division n'a pu être observée directement et l'on comprend que le groupement dont il est question, puisse être dû à bien des causes diverses. On a pu démontrer expérimentalement le fait de la division des corpuscules sans avoir pu indiquer la manière dont elle se produit.

Contrairement à cette opinion qui rapprochait les corpuscules des Microcoques, MM. Cornalia, Leydig, Balbiani et M. Pasteur lui-même montrèreut qu'il s'agissait là d'un organisme complètement différent des *Micrococcus* et des *Bacterium*. On donna à ces corpuscules le nom de *Sporospermies*, servant à désigner un état particulier de ces êtres inférieurs ou ceux de *Sporozoaires*, de *Sarcosporidies*, etc. M. Metschnikoff a vérifié dernièrement l'exactitude de cette assertion. Le parasite de la Pébrine est, dit-il, formé de corps protoplasmiques amiboïdes — c'est-à-dire analogues aux globules blancs du sang dont nous avons parlé à la page 247 — mobiles, souvent multilobés, dans lesquels les corpuscules prennent naissance par formation endogène. Par analogie avec d'autres phénomènes semblables bien connus, les corpuscules doivent porter le nom de *Spores* : à la germination, ils reproduisent les corps protoplasmiques dans lesquels ils se forment de nouveau en très grand nombre.

La petitesse et la ténuité des corps protoplasmiques expliquent suffisamment pourquoi ils sont restés si longtemps méconnus, surtout après qu'ils ont pénétré dans les tissus des animaux composés comme eux de protoplasma.

Le parasite de la Pébrine ne doit donc pas être compris, rigoureusement parlant, dans une étude sur les seules Bactéries. Aussi ne nous en serions-nous pas occupé plus longtemps, s'il ne nous fournissait un exemple heureux, non seulement de maladie infectieuse causée par des parasites microscopiques autres que les Bactéries, mais de l'existence possible d'organismes très semblables en apparence aux Bactéries, mais en différant profondément par leur manière d'être, par leur développement, par leurs conditions d'existence.

Si nous abordons après cela les maladies des plantes, nous verrons qu'il y a fort peu à en dire, en ce qui concerne les Bactéries. La plupart des parasites des plantes appartiennent à d'autres groupes organiques et en particulier à des Champignons, comme nous l'avons déjà fait remarqué plus haut.

Bornons-nous à citer, pour ce qui regarde les Bactéries, une *maladie jaune* étudiée par M. Wakker (1) chez la Hyacinthe. D'après M. Wakker, on trouve dans la plante malade un *Bacterium* en bâtonnets longs de 25 μ, larges d'un quart ou de la moitié de cette longueur. Ce *Bacterium* est réuni en masses jaunes gélatineuses qui remplissent, pendant la période de repos de la végétation, les vaisseaux et le parenchyme des faisceaux ligneux du bulbe. Au moment de la floraison on en trouve aussi dans les feuilles : le parasite ne se borne pas à envahir les faisceaux ligneux, il remonte dans les méats intercellulaires et dans le parenchyme foliaire dont il détruit peu à peu les cellules jusqu'à venir percer l'épiderme, pour se répandre au dehors.

On n'a fait d'ailleurs aucune expérience pour propager expérimentalement la maladie et suivre l'évolution du parasite.

M. J. Burrill, dans l'Etat de l'Illinois, aux Etats-Unis, donne le nom de *Blight* à une maladie des Poiriers et des Pommiers, dont il attribue la cause à l'action d'une Bactérie ou, pour parler plus claire-

(1) J.-H. Wakker. — *Onderzoek der Ziekten Van Hyacinthen.* Harlem 1883-84 et *Bot. Centralblatt.* T. 14, p. 315.

(2) T. J. Burrill. — *Bacteria as a cause of disease in plants.* The American naturalist. Jul. 1881.

ment, d'un *Micrococcus* de 1μ de long. La maladie est caractérisée tout d'abord par le dépérissement lent d'une partie de l'écorce; la destruction s'étend peu à peu et finit par gagner les branches et tout le tronc pour finir par la mort de la plante.

M. Burrill a trouvé, aux points infestés, le Micrococcus logé dans les cellules du végétal, aux dépens desquelles il se nourrit, en absorbant surtout l'amidon et en donnant, comme produits de décomposition, « de l'acide carbonique, de l'hydrogène et de l'acide butyrique. » De nombreuses expériences, dans lesquelles on introduisit le *Micrococcus* dans un arbre sain dont on entaillait légèrement l'écorce, fournirent la preuve de la propagation de la maladie par l'intermédiaire de la Bactérie. Cette maladie n'a pas été observée, que je sache, en Europe et ne semble pas y être connue.

D'après le même observateur, des maladies causées par des Bactéries existeraient aussi chez le Pêcher, le Peuplier d'Italie, le Tremble d'Amérique, etc.

M. Prillieux (1) a décrit récemment une altération qui se produit quelquefois dans le blé et qu'on reconnaît à la coloration rose ou rouge du grain. Elle est liée au développement d'un Microcoque qui dé-

(1) E. Prillieux. — *Corrosion des grains de blé, etc., par des Bactéries* Bull. Soc. Bot. France. T. 26 (1879), p. 31, 167.

truit les grains d'amidon, le gluten contenu dans les cellules de la périphérie et, en partie, la membrane même des cellules. L'action destructive du Microcoque est ici hors de doute. Mais son action pathogène n'est pas prouvée par les quelques faits que nous venons de citer : il peut bien n'agir que comme Saprophyte, après qu'il s'est produit d'autres actions destructives, indépendantes de lui.

Cette seconde opinion semble confirmée par quelques remarques de MM. Berthold et Reinke (1) sur une maladie de la pomme de terre. D'après ces auteurs, cette maladie qui amène la gélification du tubercule, pour ainsi dire, est causée par une Bactérie qui semble être le *Bacillus amylobacter*, peut-être par plusieurs autres. Elle ne se produit ordinairement que lorsque la pomme de terre a déjà été attaquée par un Champignon parasite bien connu, le *Phytophthora infestans*.

Elle réside d'ailleurs dans les parties que le Champignon a encore épargnées, mais elle semble pouvoir être considérée comme un phénomène secondaire, rendu possible par l'action du premier parasite.

Il faut ajouter qu'on rencontre des pommes de terre atteintes de cette maladie, sans être infestées parle *Phytophthora* et l'on a réussi, en « inoculant » la Bactérie à contaminer des pommes de terre saines.

(1) Reinke et Berthold. — *Dei Zersetzung der Kartoffel durch Pilze.* Berlin 1879.

Nous pouvons citer à ce propos une expérience récente de M. Van Tieghem (1) qui est parvenu à amener la destruction complète de tubercules entiers par le Bacille amylobacter en introduisant ce dernier dans l'intérieur d'une pomme de terre maintenue à 35°. — Des résultats analogues ont été obtenus avec des graines de Haricot, des tiges de Cactus, etc.

Ces différents phénomènes peuvent se résumer de la façon suivante : les Bactéries saprophytes sont susceptibles, *dans certaines conditions*, de vivre à l'état de parasites facultatifs, dans les tissus vivants des plantes et d'y faire naître des maladies parfois mortelles.

Cela nous permet de comprendre pourquoi, dans la nature, les maladies des plantes causées par des Bactéries doivent être et sont en effet relativement rares.

(1) Van Tieghem. — *Développement de l'Amylobacter dans les plantes à l'état de vie normal.* Bull. Soc. Bot. de France, T. 31 (1884), p. 283.

BIBLIOGRAPHIE

ARLOING, CORNEVIN et THOMAS. *Bactérie du charbon symptomatique* (Revue de médecine 1883, nº 9).

BARY (A. DE). *Morphologie und Biologie der Pilze.* Leipzig, 1884.

— *Die Brandpilze.* Berlin, 1853.

— *Recherches sur le développement de quelques champignons parasites.* Ann. Sc. nat. Bot., 4e série, T. 10.

BAUMGARTEN. *Die pathogenen Schizomyceten.* Berlin, 1884.

BÉCHAMP (A.). *Les microzymas dans leurs rapports avec l'hétérogénie, l'histogénie, la physiologie et la pathologie.* Paris, 1882.

BIENSTOCK. *Ueber die Bacterien der Faeces.* Zeitschr. für Klin. Med. VIII, 1.

BILLROTH. *Untersuchungen über die Vegetationsformen der Coccobacteria septica.* Berlin, 1874.

BOLLINGER. *Zur Aetiologie der Tuberculose.* München, 1883.

— *Zur Aetiologie der Infectionskrankheiten.* München, 1881.

BOUTROUX (L.). *Sur la fermentation lactique.* Compt. Rend. 1878, T. 86, p. 605.

BREFELD. *Method z. Unters. d. Pilze.* Würzburg, 1874.

— *Botan. Untersuchungen über Schimmelpilze*, IV. Berlin, 1878.

BUCHNER (H.). *Zur Aetiol. der Infectionskrankh.* München, 1881.

— *Ueber Spaltpilze* in Naegeli : *Niedere Pilze.*

— *Ueber das Verhalten der Spaltpilz-Sporen gegen Anilinfarbstoffe*, Aerztl. Intellig. Blatt. 1884.

BURRILL. *Bacteria as a cause of disease in plants.* New-York, 1881.

CHAMBERLAND. *Le charbon et la vaccination anticharbonneuse.* Paris, 1883.

CHAUVEAU. Comptes Rendus, T. 89 ; T. 96 ; T. 97.

CIENKOWSKI. *Zur Morphologie d. Bacterien.* Saint-Pétersbourg, 1876.

— *Die Gallertbildung d. Zuckerrübensaftes.* Charkow, 1878.

COHN. *Unters. über d. Entwickelungsgesch. der mikroscop. Algen u. Pilze.* Nov. acta Leop. 24, 1842.

— *Unters. über Bacterien* (Beitr. z. Biol.). T. I, II et III.

CORNIL et BABES. *Les Bactéries et leur rôle dans l'anatomie et l'histologie pathologiques des maladies infectieuses.* Paris, 1885.

CUBONI et MARCHIAFAVA. *Sur la nature de la malaria*, Arch. f. exp. Path. XIII.

DAVAINE. *Sur la maladie charbonneuse.* Comp. Rend. T. 57 (1863), T. 84 (1877).

DUCLAUX. *Mémoires sur le lait.* Ann. de l'Instit. agron. (1882).

— *Chimie Biologique* (Encyclopédie chimique de M. Frémy). Paris, 1883.

— *Ferments et maladies.* Paris, 1882.

— *Le microbe et la maladie.* Paris, 1886.

DURIN. *Sur la transformation du sucre*, etc. Ann. Sc. nat. 6e série, T. 3.

EBERTH. *Ueber Bacterien.* Virchow's Archiv. T. 62.

— *Ueber Sarcina Ventriculi.* Id. 1858.

EHLERS. *Ueber Rauschbrandpilz.* Rostock, 1884.

EHRENBERG. *Die Infusionsthierchen*, etc. Leipzig, 1838.

EHRLICH. *Ueber Erysipelas* Langenb. Archiv. T. 20.

— *Technik der Bacterien Unters.* Zeitsch. f. Klin. Med. T. I, 3 ; T. II, 3.

EIDAM. *Bacterium Termo*, in Cohn. Beitr. z. Biol, T. 3.

ENGELMANN. *Bacterium photometricum.* Utrecht, 1882.

— *Zur Biol. d. Schizom.* Bot. Zeit. 1882.

— *Ueber Sauerstoffausscheid. v. Pflanzenzell. im Mikrospectrum*, 1882.

ENGLER. *Ueber Pilzveget. des weiss. od. todt. Grundes in d. Kieler Bucht* (Ber. d. Commission, etc.), 1881.

FEHLEISEN. *Ueber Erysipel.* Berlin, 1883.

FINKLER et PRIOR. *Ueber den Bacillus d. Cholera nostras.* 1884.

FITZ. 8 *Mémoires* (1876-1884) dans les *Ber. d. deutsch. chem. Gesellschaft.*

FRIEDLAENDER. *Microscopische Technik.* Berlin, 1884.

— *Micrococcen der Pneumonie*, Fortsch. d. Med. 1882, p. 715.

FRISCH. *Ueber d. Einfluss nied. Temperatur*, etc. Med. Jahrb. III et IV.

GAFFKY. *Beitr. z. Verhalten der Tuberkelbacill.* Mittheil. aus d. Reichs-gesundheitsamt, I et II.

— *Zur Aetiol. d. Abdominaltyphus*, id. II, 1884.

GAUTIER (ARM.). *Chimie physiologique.* Paris, 1875.

GAYON. *Sur les altérations des œufs.* Comptes Rend. 1877, T. 85.

GIARD. *Sur une bactérie chromogène.* Revue des Sc. nat. V. 1877.

— *Sur le Crenothrix Kühniana.* Comp. Rend. 1882, p. 247.

HANSEN (CHR.). *Contrib. à la connaissance des organismes qui peuvent se trouver dans la bière et le moût de bière.* Meddelelser fra Carlsberg Laboratoriet, I, 1882.

HENLE. *Pathol. Unters*, 1840.

HUEPPE (F.). *Ueber Zersetz. d. Milch*, etc. Mittheil. aus d. Kaiserl. Gesundh. II.

— *Bacterien Forschungen.* 1885, 3e édition.

— *Die Formen der Bacterien.* 1886.

KERN *Ueber. ein neues Milchferment aus d. Kaukasus.* Moscou, 1881. (Bulletin de la Soc. Imp. des natural. de Moscou).

— *Dispora Caucasica*, Biol. Centralbl. II.

KLEBS. *Zur Kenntniss des Schistomyceten*, Archiv. f. Exp. Pathol. 1875.

KOCH. *Die Aetiol. d. Milzbr.* Cohn. Beitr. z. Biol. II, et Mittheil. a. d. Reichsgesundh. I et II.

KOCH. *Die Aetiol. d. Tuberkulose.* 1882. Berl. Klin. Wochenschr.
— *Ueber Cholera,* id. 1884.
KURTH. *Bacterium Zopffii* Ber. d. deutsch. bot. Ges.
LEWIS. *The microscop. organism,* etc. Calcutta, 1879.
LISTER. Quart. Journ. of Micr. Sc. XIII, 1873.
LŒFFLER. Mittheil. a. d. Reichsges. II.
MAGNIN. *Les Bactéries.* Paris, 1878.
METCHNIKOFF. *Ueber d. Bezieh. d. Phagocyten z. d. Milzbr.* Virch. Arch. T. 96.
MIQUEL. *Annuaire de l'Observatoire de Montsouris* depuis 1882.
NAEGELI. *Niedere Pilze,* 1877 et 1882. Munich.
— *Theorie der Gaehrung.* Munich, 1879.
NEISSER. *Z. Aetiol. der Lepra.* Virch. Arch. 1881, T. 84.
NENCKI. *Beitr. z. Biol. d. Bacterien.* Virch. Arch. 1879.
OEMLER. *Beitr. z. Milbrandfr.* Arch. f. Thierheilk. II-VI.
PASTEUR. *Mémoires sur les diverses fermentations.* Compt. Rendus, Acad. d. Sc., à partir de 1857.
— *Études sur le vin.* Paris, 1866.
— *Études sur le vinaigre.* 1869.
— *Études sur les vers à soie.* 1870.
— *Études sur la bière.* 1876.
— *Mémoires sur le Charbon.* Comptes Rendus, T. 84 (1877), T. 85 (1877), T. 87 (1878), T. 91 (1880), T. 92 (1881), T. 93 (1882), etc.
— *Mémoires sur le choléra des poules.* Comptes Rendus, T. 90 et T. 92.
— *Mémoires sur le rouget.* id. T. 95.
— *Mémoires sur la rage,* id. T. 92, T. 95 et communications du 26 oct. 1885, du 1er mars et du 12 avril 1886.
PRAZMOWSKI. *Unters. ueber d. Entwickelungsgesch. und Fermentw. einiger Bacterien.* Leipzig, 1880.
— *Bot. Centralbl.* IV, 1884.
RASMUSSEN. *Om Dryckning of Mikroorganismen fra spyt of sunde Mennesker,* 1883.
ROGER. *De la morve et du farcin chez l'homme.* 1837.
RECKLINGHAUSEN. Virchow. Archiv. T. 60.
REINKE et BERTHOLD. *D. Zersetz. d. Kartoffel,* Berlin 1879.
ROSENBACH. *Microorg. bei d. Wundinfectionskrankh.* Wiesbaden, 1884.
SANDERSON BURDON. *Origin and distribution of Microzymes,* etc. Quart Journ. of Microsc. Sc. 1875.
SCHOTELIUS (LYDTIN et). *Ueber Rothlauf,* etc. 1885.
SCHRŒTER. *Cohn. Beitr. z. Biol.* T. 2.
SELMI. *Sulle ptomaïne,* etc. Bologne, 1878.
VAN TIEGHEM. Compt. Rend. 1865, 1879, 1880, etc.
— *Sur la gomme de sucrerie,* Ann. Sc. nat., 6e série VII.
— *Leuconostoc mesenterioides,* id.
— *Sur quelques Bactéries vertes.* Bull. Soc. Bot. 1880, p. 174.
— *Sur la fermentation de la cellulose,* id. 1879.

TYNDALL. Philos. Transact. Vol. 156 et 167.

TOMMASI-CRUDELI. *Bacillus Malariæ*. Arch., f. Exp. Path. XII.

TOUSSAINT. *Mémoires sur le charbon*, Comptes Rendus 1877, 1878.

VANDEVELDE. *Les Ptomaïnes*. Gand, 1884.

— *Bacillus subtilis*. 1884.

WALDEYER. *Wundinfectionskrankh.* Virch. Arch. T. 40 (1867), p. 379.

WAKKER. *Ueber die gelbe Krankh. d. Hyacinthen*. Harlem, 1883.

WEIGERT. *Zur Technik d. Bacterien*. Virch. Arch. T. 61.

WIGAND. *Entsteh. und Fermentwir. d. Bacterien*. Marburg, 1884.

ZOPF. *Die Spaltpilze*. Breslau, 1885, 3e édition.

TABLE DES MATIÈRES

Paris. — Imprimerie G. Rougier et Cie, rue Cassette, 1.

A LA MÊME LIBRAIRIE

Paris. — Imp. G. Rougier et Cie, rue Cassette, 1.

www.ingramcontent.com/pod-product-compliance
Ingram Content Group UK Ltd.
Pitfield, Milton Keynes, MK11 3LW, UK
UKHW020104200726
13856UKWH00002B/364